室内设计 风格详解

MANUAL OF CHINESE INTERIOR DESIGN

魏祥奇 编著

U0291489

江苏凤凰科学技术出版社

CONTENT
目录

第1章
Chapter 1
美的历程——中国室内设计发展史
The Pursuit of Beauty: the History of Chinese Interior Design

第2章
Chapter 2
撷英采华——中式室内设计节点
Refine and Discard: the Elements of Chinese Interior Design

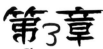

第3章
Chapter 3
以古为鉴——传统在现代的美学应用
Learning From the Ancient: the Application of Traditions in Modern Aesthetic

案例索引 | PROJECT INDEX

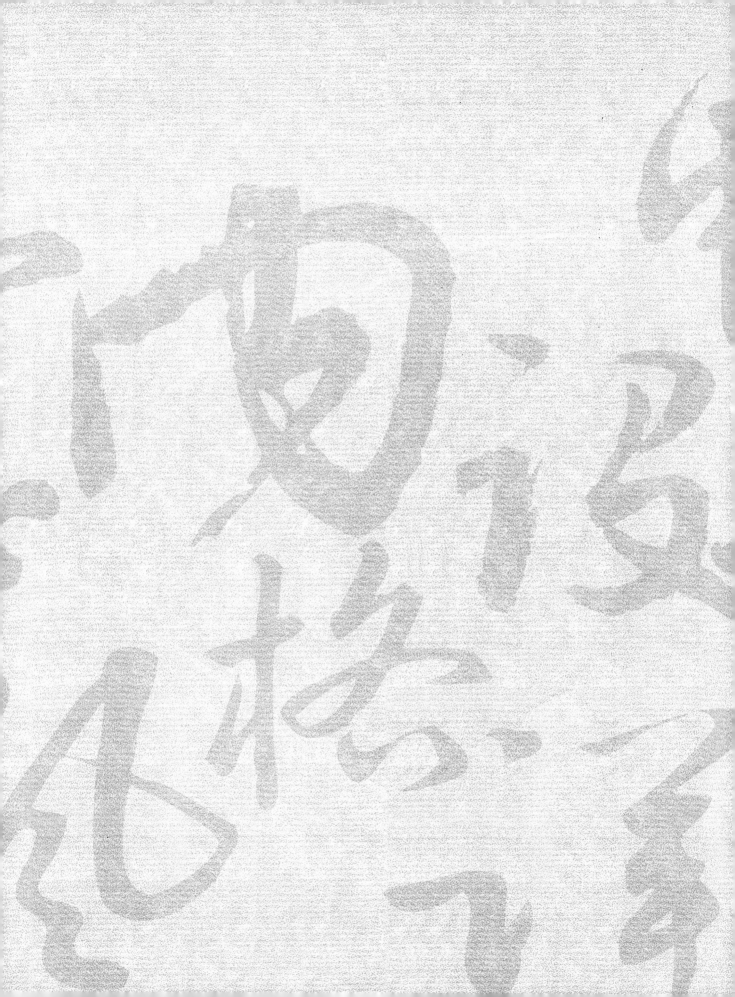

第1章
Chapter 1

美的历程——中国室内设计发展史
The Pursuit of Beauty—the History of Chinese Interior Design

第一章 美的历程——中国室内设计发展史
Chapter 1
The Pursuit of Beauty:the History of Chinese Interior Design

伴随着早期先民能够构建居所，对于室内空间的布局和摆设都必然遵循着"宜居"的基本原则，要求诸如位置安全、接近水源、方便取得食物种种，但因为物质生活相对简单，除了必需的生产用具以外，并没有多少结构精致和复杂的生活用具。从早期先民聚落遗址的考古发掘来看，这些居所一般建筑空间狭小，只有聚落首领居所或聚会场所才会有简单的陈设。所谓室内空间的设计，在商周时期出现了大型宫殿建筑之后，才初见端倪。

1 商周
Shang Dynasty and Zhou Dynasty

由于商周时期的建筑只遗存下漫漶的废墟，因此我们对这一时期建筑空间内部的布局所知甚少，但从商周时期墓葬中发掘出的大量青铜器物来看，这一时期的建筑规模应该较为庞大，而且往往是建造在土丘之上。宗庙和宫殿是其中最为核心的建筑，其中宗庙用于祭祀和藏纳礼仪重器，宫殿供帝王及其王室居住并处理行政事务。中国园林史相关的研究发现，周时期已经出现了营造苑台，已经初具园林的形态，那么在宗庙和宫殿建筑内部，一定也遵循着礼制摆设各种器具。在此时期居所中已经有完整的起居用具，矮脚的床榻、几案都已经被广泛使用，甚至还出现了席坐的屏风。

通过对商周时期的墓葬考古发掘，发现这一时期在楚地还出现很多制作精好的漆木凭几，十分注重华美的装饰，同时也注意使用者的舒适感。简质的家具和灵活的布置，大多属于临时性的设施，室内陈设就是几与床，日常以坐席为中心。特别值得指出的是因为周朝实行分封制，这种居室内的器具开始出现地域风格的差异。在战国时代，日益扩大的诸侯国都城，都筑有坚固的城墙和宫室，依据考古发掘的建筑遗迹和建筑构件瓦当来看，大多是夯土筑台，而

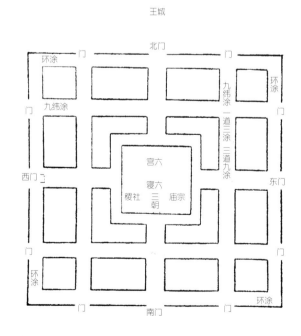

《考工记》中的周王城示意图

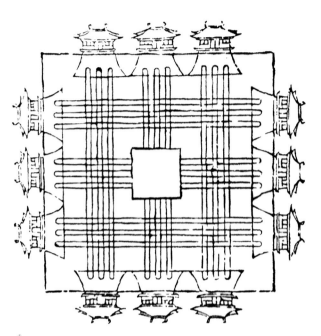

《三礼图》中的周王城示意图

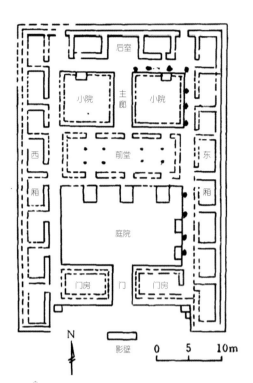

陕西岐山凤雏西周建筑遗址平简示意图

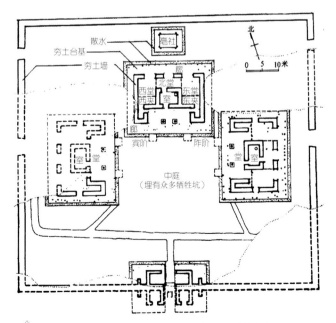

春秋时期秦国宗庙遗址平面（陕西凤翔马家庄一号建筑遗址）

后沿着梯形的高台每层修建的木构建筑，被称为"台榭"，台基、屋身和屋顶是基本结构。《考工记》称春秋时代后，宗庙和宫室建筑才开始普遍使用瓦当，屋顶的坡度由草屋顶的1:3降至瓦屋顶的1:4，有"四宇伸张"的姿态，以复杂的柱梁结构对室内空间进行分割，但这些都使室内空间更为宽敞。此时期采伐更笔直、承重性更好的"异木"和"神木"来建造宏大的台梁式建筑，并在柱梁上施以彩绘，所使用的颜色已经有严格的等级制度，正如《左传》和《国语》中有"美哉室"、"台美乎"的赞叹。不仅如此，在庞大的宫室和宗庙建筑群附近，往往还建有宫苑以供帝王及王室人员休闲玩赏之用。关于颜色的等级使用，从最初皇帝对于黄色的崇拜，到禹、汤、周、秦、汉代，帝王们从"阴阳五行"中析出五种色彩：东青龙、西白虎、南朱雀、北玄武，还有天地玄黄，对应的五行分别为木、金、火、水、土。帝王的服色会根据四季的变化取五德之色合乎天道，这些都在礼仪上赋予了这五种色彩很严肃的象征意义，被奉为"正色"，也是等级高的颜色，而其他颜色等级则较低。

1 漆俎（河南信阳）　　　　8 铜三联甗（安阳妇好墓）
2 铜俎（陕西）　　　　　　9 漆凭几（长沙楚墓）
3 铜俎（安徽寿县）　　　　10 彩绘大食案（信阳楚墓）
4 漆案（长沙刘城桥楚墓）　11 衣箱（随县曾侯乙墓）
5 铜禁（陕西宝鸡台周墓）　12 彩绘书案（随县曾侯乙墓）
6 漆几（随县曾侯乙墓）　　13 彩漆大床（信阳楚墓）
7 雕花几（信阳楚墓）

2秦
Qin Dynasty

秦灭六国大一统后，在咸阳城建造了规模更为宏大的宫殿建筑群，据称嬴政皇帝将原六国的建筑工匠都迁居到咸阳，建造了大小三百多处宫室，诸如信宫、咸阳宫、朝宫、阿房宫、始皇陵等。其中在发掘的咸阳第一号宫殿遗址中发现，大殿为高台式建筑，宫室分布在夯台台面及四周，被规划为各种不同用途的空间并连接在一起，大殿墙壁下有承重的础石，室内有铺地，东北、北、西和南部都设有回廊，辅有过道、走廊和斜坡路等。秦时期建筑组群已经依据不同的使用功能来布置室内空间，这时候宫殿建筑成为权位和身份的象征，商周时期的青铜器也从礼器下降为较为普通的用具，但作为酒器、食器、水器、兵器、车马器和建筑构件等分类非常复杂，很多室内摆设如禁、案、桯等都与存放这些器具有关。宫殿内皇帝席坐处筑有台，以显示其地位的威严和不可侵犯，可见这些空间都是严格按照等级制度来规划的。

↑ 咸阳宫复原图

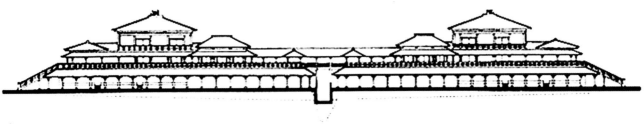

↑ 咸阳宫复原图立面

3 汉
Han Dynasty

　　汉代文化在社会思想上基本是道、儒两家学派互相消长，因此很多建筑和器具都与这两种文化的影响有直接关系。汉代盛行在宫殿、神庙、府舍、陵墓中彩绘壁画，大多与信奉道家的永生思想、接纳儒家等级观念有关，还有就是描绘宴乐、百戏、山水之景，应该也与很多神仙思想有关。汉代始用条砖、方砖、空心砖等建造宫殿，石料的使用也大大增多，用以制作石础、石阶、石祠、石墓、石碑、石阙等。商周以来筑夯土台上建重屋和高台建筑在秦达到最高点，东汉后随着木结构技术的进步，高台建筑逐渐减少，三、四层的楼阁大量增加，诸如抬梁式和穿斗式都已经发展成熟并日益完善，斗拱承托屋檐和平坐，成为建筑形象的主要部分。汉朝建筑的屋顶已经有庑殿、悬山、囤顶、攒尖和歇山，还出现了重檐屋顶。重要的宫殿诸如长乐宫、未央宫、建章宫都被建造在长安城内，布局严整。

中轴线上为主要宫殿，殿屋一律朝南，排列疏朗，其余各殿则分布左右。这些建筑多是象征着王权和礼制，不同的宫室都有具体的用途，但已经可以看出帝王将相的生活起居已经非常豪华和舒适，我们现在可见的生活器具都已经出现，坐塌、卧榻和屏风在考古发掘的画像石、画像砖中都已经见到。室内空间的划分主要由屏风完成，并且庭院中已经养殖禽鸟和花木。宫室内坐席时代的基本形制没有改变，但家具类型在不断完备和成熟，几案之类增多，还有食案、书案和奏案，榻和隐几成为日常起居的常见组合，室内的陈设和布置也都围绕尊位展开。

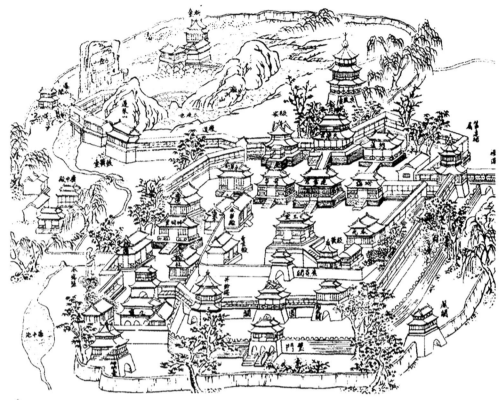

↑ 汉建章宫鸟瞰图示意

干阑式住宅（广州汉墓明器）　　　　日字形平面住宅（广州汉墓明器）　　　　三合式住宅（广州汉墓明器）　　　　曲尺形住宅（广州汉墓明器）

↑ 汉代住宅建筑

⟵ 观伎画像砖·东汉墓室内装饰图像。1954年四川成都杨子山出土。
砖面每边长40厘米，描述了汉代宴宾陈伎的习俗，一男一女席地而坐，在鼓、排箫的伴奏声中，欣赏伎人跳丸、跳瓶、巾舞表演。

↓ 木几，甘肃武威汉墓出土。
平面长而窄，推想此几可放置物品亦可凭靠，这种几也可称为"案"。

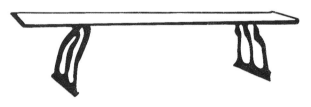

4 魏晋
Wei Dynasty and Jin Dynasty

↑ 竹林七贤与荣启期·模印拼镶砖画·西晋（4 世纪末至 5 世纪初）。纵 80 厘米，横 240 厘米，1960 年南京西善桥出土，南京博物院藏，拓本。
该模印砖画由 200 多块古墓砖组成，分为两幅，嵇康、阮籍、山涛、王戎 4 人占一幅，向秀、刘伶、阮咸、荣启期 4 人占一幅。人物之间以银杏、松槐、垂柳相隔。8 人均席地而坐，但各呈现出一种最能体现个性的姿态，士族知识分子自由清高的理想人格在这块画像砖上得到了充分的表现。

魏晋南北朝时期兵阀混乱，少数民族不断入侵中原，宫廷和宗庙建筑风格开始多样化。士大夫为了避祸，开始崇尚清谈的玄学，主张破坏名教而回归自然，不再重视外在的功业、节操和学问，而是品评人的才情、气质、格调和风貌，讲求脱俗的风度神貌，形成了士大夫独特的审美思想。我们在这一时期看到很多士大夫的形象都是解衣般礴、席地而坐，置身于山林之间，使得山水自然大量进入诗词和绘画作品中。重要的隐居者如陶渊明和谢灵运，都宁愿归耕田园而不供职于朝堂。同时佛教思想开始影响中国文化的气象，苦修思想与玄学精神之间有相通之处，都崇尚安慰和解脱。这一时期各国都建造了都城和规模庞大的宫苑，其中最富特色的应该是洛阳建造的西游苑、华林苑、仙都苑等，可谓极尽人之能事，亭台楼阁、池馆水榭，构筑别致，穷华极丽。

↑ 西域胡床

《北齐校书图》局部（宋摹本），杨子华。卷，绢本设色。纵 29.3 厘米，横 122.7 厘米，美国波士顿美术馆藏。画的是北齐天保七年（公元 556 年）文宣帝高洋命樊逊和文士高干和等 11 人负责刊定国家收藏的《五经》诸史的情景。

可以看到，这些宫苑建筑已经十分注重与山水自然之间的结构关系，布局造境引人入胜。还有南朝的玄武湖和华林苑、上林苑、方林苑等，都是穷极雕靡，巧侔造化。宫室之内出现了来自西域的胡床，有一定高度可以垂足而坐，又可折叠，舒适自然而便携，很多时候是室内布局的核心尊位。直到这个时候，中国传统室内的家具都是一种临时摆放品，诸如屏风、坐席以及各种帷帐都是可以随时折叠和移动的。除此之外，魏晋时期还有大量的寺观建筑，其中多植有树木花草，皇家对佛教寺院恩遇有加，以至于自然景观和人文景观融合为名胜之地。

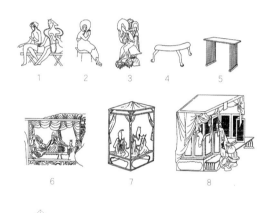

魏晋南北朝时期的家具式样
1 胡床 2 方凳 3 筌蹄 4 漆曲凭几 5 高几
6 床榻 7 斗帐小榻 8 床榻

5 隋唐
Sui Dynasty and Tang Dynasty

隋唐时代经济发展，通过丝绸之路和开放的民族政策使得长安、洛阳成为政治和文化的中心，长安城经隋唐两代的营建，规模庞大，城分宫城、皇城和郭城三重，布局规整。城中宫苑壮丽，由于佛教发达，城中有大量寺院和道观，居住在城中的王公贵族，竞相建造高大华丽的私人府邸，并设山池、亭台、茂林修竹之胜。皇城是行政中心，宫城是皇帝的居所，内有太极宫、大明宫、兴庆宫三大宫，苑内是后花园，有假山，海池四相连环，有亭台楼阁的胜

《挥扇仕女图》，唐代，周昉。长卷，绢本设色。纵 33.7 厘米，横 204.8 厘米，北京故宫博物院藏。这是一幅描写唐代宫廷妇女生活的佳作。

《历代帝王图》局部，唐，阎立本。绢本设色。纵 51.3 厘米，横 531 厘米，美国波士顿美术馆藏。

《高士图》局部

《宫乐图》，佚名。绢本设色。纵 48.7 厘米，横 69.5 厘米，台北"故宫博物院"藏。

景。在宫殿和内苑，很多殿内墙壁上都绘有仙佛道释像和山水画。台阶和地面多铺置石料，宫廷画家绘制的大幅屏风被置于中庭，朝会和起居开始大量使用高脚家具，纬锦织就的挂饰点缀于房间之中，琉璃瓦顶在阳光的照射下熠熠生辉，雕梁画栋，可谓富丽堂皇。

唐代是矮脚家具和高脚家具并行的时期，我们在相关的绘画作品中可以看到很多被称为"床"的大型坐具，不仅众人可以围坐，而且中间可以置放物品，坐席似乎已经退出了居室，很多作为尊位的坐具也都是类似于床的器物：上有面板、下有足撑，可以坐立也可以睡卧。五代卫贤所作《高士图》可见占据居室中心位置的就是一个大床，床的两边摆设有凳子，而人则坐于床上，身前放置一个小型的栅足书案，旁边还置放了很多书案和卷轴。在这旁边则是开窗，外面植有花木和假山石。在《太平广记》之类的作品中，我们可以读到唐代的家居中有很多类似于床的用具，配合矮脚的几案使用，甚至很多几案也被称为"床"，诸如形制较小的食床和茶床。但整体而言，唐代室内摆设处于从席坐向高脚家具过渡的时代，因此很多名称和功能之间的关系变得模糊不清。

《高士图》局部，五代·南唐，卫贤。绢本设色。纵 134.5 厘米，横52.5 厘米，北京故宫博物院藏。

《维摩诘图》，唐，吴道子。敦煌壁画，敦煌 103 窟东壁南侧。

6 五代
Five Dynasties and Ten Kingdoms

《韩熙载夜宴图》局部，五代，顾闳中。长卷，绢本设色。纵 28.7 厘米，横 335.5 厘米，北京故宫博物院藏。

五代由于政局的动荡不安，很多文人士大夫崇尚一种隐居的生活，山水画创作表现出生机勃勃的面貌，代表者有北方山水画家荆浩、关仝，南方山水画家董源、巨然。他们的隐居生活与庄园经济的发展密切相关，依赖收取的财富建造占地面积很大的庄院，亭台楼阁、清泉怪石、嘉木芳草点缀其中，以为赏心乐事，诸如唐代的王维"别业在辋川山谷"，白居易"营园置庐山草堂"，选择一种自然园林式的山居生活。而这一时期的宫殿和宗庙建筑，则因为大量钱财和精力用于对抗战祸，而没有得到更好的修缮，也很少有新的扩建，甚至由于国力的衰退使过去的很多建筑毁于荒芜。在这一时期北方由于受到少数民族政权的骚扰而逐渐衰落，南方却因相对战祸较少而逐渐崛起，尤其是定都金陵的南唐、定都锦城的西蜀，都设立了宫廷画院，培养宫廷画家为皇室绘制画作。

《十八学士图》，周文矩（传）。纵 44.5 厘米，横 206 厘米。

《韩熙载夜宴图》局部，五代，顾闳中。长卷，绢本设色。纵 28.7 厘米，横 335.5 厘米，北京故宫博物院藏。

在顾闳中的《韩熙载夜宴图》中可见起居生活之一斑：大幅的单扇山水画屏作为分割空间的器具，而主人则盘腿坐于座椅之上，履鞋置于前端的脚踏之上；另外一个场景中，巨大的山水画屏围绕着巨型的床榻，床榻的隔板上也托裱有山水画，床榻的旁边放置有板凳，主人会和主宾同坐于床榻之上，床榻的前方还有长条的桌案放置食物。由此可见，巨型的床榻作为尊位仍是整个宴会和居室空间的中心，其他的家具皆是围绕着这个中心来安置；而卧室则是以床为中心，床周围的隔板上同样托裱有山水画，帷帐将床分隔成更小而私密的空间。另外一件绘画名迹为周文矩的《重屏会棋图》，是为南唐中主李璟绘制的一幅肖像画，其端坐于一张四脚的大床榻上，床榻周围无隔板，并且上面放置有投壶和漆盘等，棋盘被放置于较小的四脚榻几上，其他三位男宾客都围绕棋盘顺势而坐；李璟

《重屏会棋图》，周文矩。卷，绢本设色。纵 40.2 厘米，横 70.5 厘米，故宫博物院藏。

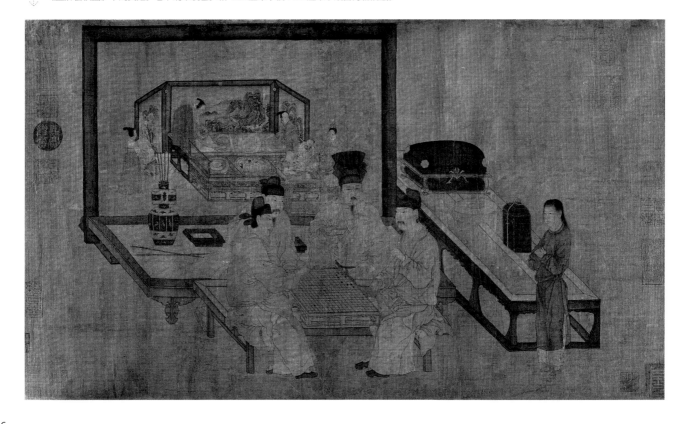

所坐的大床榻应为尊位所在，后面置放一扇巨幅单面屏风，旁边还有另外一件较大的床榻用来摆放大件的箱箧，这似乎是构成室内尊位的典型陈设。李璟所坐床榻后的单面屏风中所描绘的画面更富有深意：一个长髯的人物正准备就寝，他斜倚在床榻上，旁边有四个女子服侍，而这组人物的背后是另一扇绘有山水画的三折屏风。蓄有长髯的人物，是李璟的一个镜像，而三折屏风上的山水画则是其内心理想生活的隐喻：超脱世俗的羁绊。通过这两件名迹可以想见，山水画屏风在这一时期是文人家居生活内部的一个主要构成内容，与床榻和桌案共同构成家具摆放的视觉中心。

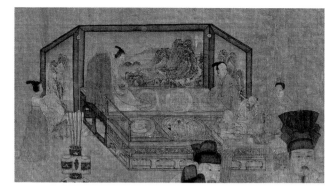

↑ 《重屏会棋图》局部

7 两宋
Song Dynasty

↑ 《文会图》，赵佶。绢本设色。纵 184.4 厘米，横 123.9 厘米，台北"故宫博物院"藏。

两宋时期经济得到恢复，宋王朝始终未能实现中原统一，与多个政权并存，主要的是辽、西夏和金。在这一时期，经济作物商品化的程度有了加强，尤其是茶的栽培被大量推广，出现了专门种茶为业的园户，所谓"采茶货卖，以充衣食"，说明当时饮茶已经成为一种被普遍接受的生活方式。由于城市经济的迅速发展，使得手工业作坊大量出现。我们在北宋张择端的名作《清明上河图》中可以看到城市商业空间的繁荣景象，尤其是在建筑的形制和营造知识上，都积累了大量的经验。编纂始于熙宁年间、刊行于从宁二年的《营造法式》，是李诫在工匠喻皓既有的著述《木经》的基础上修订扩编而成的，是北宋官方颁布的一部建筑设计、施工的规范性用书。宋朝建筑承继了唐朝的形式，无论是单体或组群建筑，都没有唐朝那种宏伟刚健的风格，却更为秀丽绚烂而富于变化。我们在《清明上河图》以及两宋时期的界画中，都能大约领略到两宋建筑的神采。这些楼阁通常和庭院构成庞大的园林系统，尤其是在经济活动的重心江南，很多文人士大夫也参与设计和营造，兴建了大量文雅的园林。这种文雅不仅体现在建筑形制的细致考究，还体现在文人士大夫生活起居中器物的设计上，诸如定窑、汝窑、官窑、哥窑和钧窑五大名窑中生产的优质瓷器，大多古朴深沉、素雅简洁、类似于玉质的釉色，以高贵而含蓄为美。唐代概念笼统的床，在两宋时期逐渐定型，一种被称为"榻"，一种逐渐演变为放置器物和书册的大

《文会图》局部

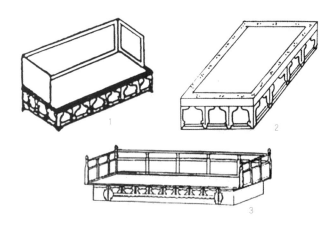

1 屏风床　2 平台床　3 围子床

《山馆读书》，刘松年（传）。绢本设色。

型书案，这种大型书案在两宋时期的绘画中颇为常见。而榻和书案及其他小型的家具成为厅室内摆设的中心。北宋时期金石学的兴起，使得很多王公贵族和文人士大夫都留意收集古代器物，诸如对于青铜器、书画和碑刻拓片的收集，通常在雅集和文会时取出欣赏，而这些器物通常被放置于大型书案之上，而典雅的瓷器亦被放置于其中，极尽风雅之能事。同时还出现了一些小型的、方便移动的家具诸如茶床、桌和椅子，在文人外出旅行时通常由随从负责搬运，另携有茶具、食柜等。对于文人士大夫而言，一桌一榻或一把交椅，可坐可卧，在山水之间或庭院深处就可以把起居安排得舒适得意。也就是在这个时候，桌子和椅子最终成为一个固定的组合，完成了室内家具陈设中最基本的形态，也是新的格局。还有一幅宋代佚名画家的《人物图》，可以看到在大屏风的前面，摆设有榻和桌，辅之以小而轻便的高桌，诸如取鹤膝竹的形象制作的鹤膝桌，经常被特别拼合在一起陈设，甚至还有其他一些可笼统称为"小桌"的家具，也被陈设于周围，用来放置花草和杯盏等物。但是在所有室内家具陈设中，最为重要的还是屏风，帐、幔和屏风都是分隔空间的主要家具，虽然有靠壁摆放的橱柜之类，但都比较小，而屏风通常被置于室内两个靠后的柱子之间，榻和书案都被安放在屏风的前面，

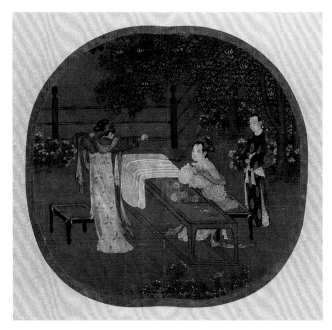

《宫女图》，刘松年。绢本设色。纵 24.5 厘米，横 25.8 厘米，东京国立博物馆藏。

是为主位，而桌和椅的固定陈设也成为一个小的中心，共同围成一个起居的主体空间。

8 元
Yuan Dynasty

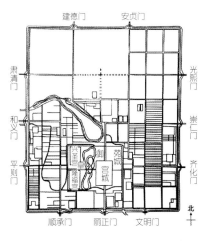

元大都城址平面示意图。元大都城内按"九经九纬"的原则，建有东西和南北交通干道多条。干道的东西两侧分别建有小街和胡同，大都城内的居民区，划分为 50 坊，坊各有门，门上署有坊名。整座城市整齐划一，十分壮观。

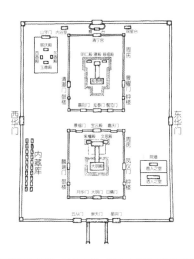

元大都宫城平面示意图。元代宫殿一般将前后两座正殿用穿廊连起来，形成"工"字形布局，前殿为朝会之所，后殿为寝宫，殿后均有柱廊，这是继承宋、金建筑布局的结果。

↑ 山西芮城永乐宫

↑ 泉州清净寺，始建于北宋，元至大二年（公元 1309 年）由伊朗艾哈默德重修。我国现存最早的具有阿拉伯建筑风格的伊斯兰教寺。

元代蒙古人政权延续时间不长，且由于蒙古人是游牧民族，其居所是经常处于迁移之中的帐篷，因而室内家具大多都是便携的地毯、矮脚的展腿式桌子等，但同样也出现了高脚的罗锅枨桌、霸王枨方桌等。后忽必烈受命总领"漠南汉地军国庶事"，逐渐接受汉族士大夫儒学思想的影响，开始模仿传统皇城建筑格局有计划地建造开平府城，但府城中形制布置并无一定规律，有些地区专门被规划为毡帐、毡屋、板屋等临时居住区。忽必烈称汗定都原辽国中都，改称为"大都"，并建造规模宏大、规划整齐的大都城。元大都皇城和宫城、宫殿，采取宫城居中，中轴对称的布局，与唐宋时期的形制基本一致，如皇城中的大明殿，乃是"登极正旦寿节会朝"之所，我们在明人萧洵关于元皇宫建筑的著作《故宫遗录》中，可以读到关于大殿的室内陈设："殿基高可十尺，前卫殿陛，纳为三级，绕置龙凤白石阑。阑下每楯压以鳌头，虚出阑外，四绕于殿。殿楹四向皆方柱，大可五六尺，饰以起花金龙云，楹下皆白石龙云，高

↑ 《消夏图》，元，刘贯道。绢本设色。纵 29.3 厘米，横 71.2 厘米，美国纳尔逊·艾特金斯艺术博物馆藏。
图中展示的是一个种植着芭蕉、梧桐和竹子的庭园。画中左侧横置一榻，一人赤足卧于榻上纳凉。榻侧有一方桌，榻的后边摆放了一个大屏风。

↑ 霸王枨，指安在腿足的内侧，与家具面底部连接的一种斜枨。"霸王"是形容这种枨坚实有力，既承重，又加强形体牢固。

↑ 罗锅枨，中间高、两头低的一种枨子。

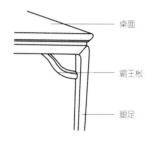

↑ 元代霸王枨示意图

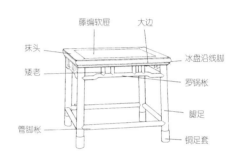

↑ 元代罗锅枨示意图

↑ 山西芮城永乐宫藻井

可四尺。楹上分间，仰为鹿顶平棋，攒顶中盘黄金双龙。四面皆缘金红锁窗，间贴金铺，中设山字，玲珑金红屏台，台上置金龙床，两旁有二毛皮伏虎，机动如生。"关于皇宫内的后宫，《故宫遗录》记到："后宫广可三十步，深入半之不显，楹架四壁立，至为高旷，通用绢素冒之，画以龙凤。中设金屏障，障后即寝宫，深止十尺，俗呼为弩头殿。龙床品列为三，亦颇浑朴。殿前宫东西仍相向，为寝宫，中仍金红小平床，上仰皆为实研龙骨，方楣缀以彩云金龙凤，通壁皆冒绢素，画以金碧山水。壁间每有小双扉，内贮裳衣。前皆金红推窗，间贴金花，夹以玉版明花油纸。外笼黄油绢幕，至冬则代以油皮，内寝屏障，重覆帷幄，而裹以银鼠，席地皆编细箪，上加红黄厚毡，重覆茸单。至寝处床座，每用茵褥，必重数叠，然后上盖纳失失，再加金花贴薰异香，始邀临幸。宫后连抱长庑，以通前门，前绕金红阑槛，画列花开，以处妃嫔。而每院间，必建三东西以向为绣榻，壁间亦用绢素冒之，画以丹青。"由此可见室内乃是由层层壁障、重复帷幄进行空间的隔断，宫殿四壁和柱间皆绘有山水、花卉、瑞兽，金花、玉版的装饰也可谓极尽繁复。与这些皇家宫殿同期还兴建了大量祭坛和神庙，以及松风亭、天香亭、鹿园、玉渊潭等大量宅院别墅。

元代建筑和装饰在继承宋、金的基础上，吸收了中亚建筑的手法，建筑更加多样化，例如中亚形式的伊斯兰教建筑。元代的琉璃色彩更加多样化，砖雕也比较盛行，更加强调其装饰性，由建筑基座向建筑装饰转变，出现在屋顶以及其他部分。室内地面材质有砖砌、瓷砖、大理石，但更多的是铺地毯。柱子以云石或琉璃贴面，再以华丽的织物，或者金箔、银箔来装饰。天花也常常悬挂织物装饰，这在以前是很少出现的。在元代的建筑和室内装饰中，经常能见到刺绣和雕刻，甚至是圣母像，体现了元代时期内外交流对建筑装饰的影响。

9 明代
Ming Dynasty

明代初期建都南京，后迁都北平改建北京城，建造了规模庞大的宫殿组群，配以太庙和社稷坛、天坛、地坛、日坛、月坛，强调中轴线的手法，经过九重门阙直达紫禁城外朝的太和殿、中和殿、保和殿三大殿，可谓宏伟壮丽。明代汉族士大夫承袭自两宋时期的古雅风格，参与设计了结构清新明快、简朴稳重的明式家具，饱含了工匠的精湛技艺、浸润了明代文人的审美情趣。这些明式家具多是使用黄花梨、铁力木、鸡翅木等硬木制造，精于选料和配料，重视木质本身的自然纹理和色泽，以精密巧妙的榫卯结构制作而成，器型多样，主要有椅凳、桌案、床榻和柜架，王世襄先生在《明式家具研究》中对明式家具进行了细致的品评。苏州文人文震亨著作《长物志》中就谈到，文人对于家具的要求就是以雅为重，用材为辅，"宁古无时，宁朴无巧、宁俭无俗"。虽然有很多贵重的木材，但是大部分家具都是使用一般的木材制作，注重功能性而不会太注重雕饰，追求适用、简约、拙朴的美。文人居所内的家具就是要达到精神的愉悦，寄托了自我的文化情怀，纯净和恬淡是最为理想的审美。在摆设上，则讲究疏朗有致，其中最为讲究的并不是客厅而是书房。其间置放了书案和椅子、书架和柜橱、卧榻和茶桌，还有一些瓷器、青铜器、兰草和文房用具。视觉质感素雅，不会繁冗和绚丽。明代很多文人士大夫都对研究器物感兴趣，江南文人更是如

此，与文震亨差不多时期的宋应星的著作《天工开物》、李渔的《闲情偶记》、曹昭的《格古要论》、高濂的《燕闲清赏》、计成的《园治》等，都对文人家具的形制和审美特点作了阐述。明代家具还有另外一个名贵的类型就是髹饰家具，明人黄大成曾编纂有专门的漆工艺著作《髹饰录》，对髹漆工艺都有系统的整理和总结。明代皇宫贵族多喜好髹饰家具，宫廷专门设立了事儿监的御用监专职为宫廷制造生活用器，制作围屏、床榻等木器，材质用名贵的紫檀、象牙、乌木和螺钿等，尤其是龙床、龙桌、龙椅、箱柜之类的家具，都会大量使用漆布、桐油、银朱等物料，因此这些髹饰家具大多华丽富贵、金碧辉煌。这些体量大的器物陈设于大殿和皇宫内部，按照既有的礼制规范摆放。

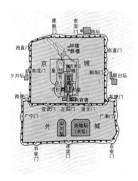

明北京城 ……▷

↑　《玩古图》，杜堇。绢本设色。纵 126.1 厘米，横 187 厘米，台北"故宫博物院"藏。

↑　明黄花梨圈椅

↑　明黄花梨圆背交椅，美国明
　　尼亚波利斯艺术馆藏。

↑ 《庭院听琴图》，杜堇。轴，绢本设色。纵 163 厘米，横 94.5 厘米。

↑ 《明仇英人物故事图册之竹院品古》，仇英。册页，绢本重设色。纵 41.1 厘米，横 33.8 厘米，北京故宫博物院藏。

10 清代
Qing Dynasty

　　清代政权基本上沿承了明代所创立的典章制度，虽然满人享有特权，但注重吸收汉文化，重用汉族官吏，提倡和推广汉文化。明亡后清朝仍建都北京，整个城市的格局没有多少变化，紫禁城内部宫殿虽屡有损毁，但仍是依据原来的样式复建；另将内城的居民统一迁至外城，内城各门驻守八旗兵并设有营房，内城建造了很多王亲贵族的府邸。自康熙始，皇家都喜欢在京郊兴建离宫别苑，如静明、静宜园、圆明园、长春园、万春园、清漪园，还有承德避暑山庄等等，以至于很多政务都不是在紫禁城办理，而是在行宫和离

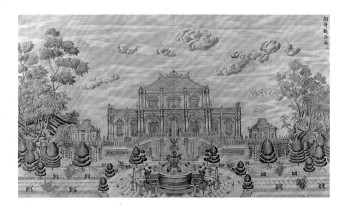

↑ 圆明园铜版画之谐奇趣，英国曼彻斯特大学约翰赖兰兹图书馆藏。

宫居住，主理朝政。康熙乾隆屡次南巡江南，使这些皇家园林在设计上都模仿了江南园林的形制，甚至会在园中兴建江南的市肆。特别值得一提的是，圆明园之中长春园引入了欧洲的建筑样式，建造了规模庞大的西洋楼建筑群，其中陈设了数量繁多的西洋珍宝，以及西洋式的家具，但如今已损毁不见。

圆明园铜版画之海晏堂，英国曼彻斯特大学约翰赖兰兹图书馆藏。

圆明园铜版画之黄花阵，英国曼彻斯特大学约翰赖兰兹图书馆藏。

故宫皇极殿乾隆金漆蟠龙宝座

《是一是二图轴》，丁观鹏。绢本设色。纵 76.5 厘米，横 147.2 厘米，故宫博物院藏。

《杏园雅集图》，谢环。绢本设色。纵 36.6 厘米，横 204.6 厘米，纽约大都会艺术博物馆藏。

清代皇室家具设计基本依循具体的功能需要，但由于很多大型的床榻、桌案是用于宫廷和重要的府邸厅堂，所以形制尺寸较大，以显现尊位的气势和威严。我们在丁观鹏画作《是一是二图》中可以看到，此时家具的种类变得很多样，由大体量的屏风和床榻所构成的尊位仍是家居结构的中心，围绕着尊位，不同形制、装饰风格的高脚小桌错落有致地排开，这些家具将传统的风格与新颖的"西式"风格兼收并蓄。在桌上和架子上有序地摆设了乾隆皇帝收藏的各种宝物，其中包括商代的铜瓿、新莽时期的铜量、宋代的瓷瓶和明代的宣德炉，远处还有叠石和插花，这些都属于家居生活的必要饰物，象征着财富和审美取向。

由于喜爱并受到汉文化的影响，清代皇室贵族大多营造江南式的园林，并模仿传统文人生活的空间来布置居室空间。事实上园林和居室在明清时期已经被看作是一体的，园林是居室的延伸，都是对自然之境的理想化表现，是理想文人生活的桃花源。我们在明人谢环的《杏园雅集图》中就可以看到类似的场景：将床榻、桌几、书案、椅凳移出室外置于园林之间，在视觉意象上似为山水之中，文人士大夫雅集其中，犹若天人之乐。应该说，这一时期上至皇室贵族，下至简朴的文人，都非

金瓶梅插图，佚名。图册。绢本设色。纵 33 厘米，纳尔逊·艾金斯艺术博物馆藏。

常注重营造居室与自然融为一体的空间感，文人活动的场所也在室内和室外之间移动。当然，能够移出室外的家具必然是相对轻便的，而同时园林中亦会设置石桌、石凳、石案以配合这种雅集活动的开展。园林中建筑回避大型宫殿，以亭台、楼阁和水榭为主，透过敞开的窗户就可以看到竹林、园山和池水，这些都使得居室空间不再有特别固定的中心，而是可以在其中走动和穿行，以至于在不动的位置都有着别具匠心的视觉体验。

红漆描金双龙戏珠纹箱

掐丝珐琅鼓式盖炉，清中期，故宫博物院。

掐丝珐琅凫尊，清乾隆，通高 30.5 厘米。

11 近现代
Modern and Contemporary Times

民国时期沈阳大帅府大青楼外部景观

20 世纪以后，伴随着社会革命和新文化运动的影响，传统的生活结构和生活方式逐渐消逝不见。注重吸收西方建筑风格的一些礼制建筑被设计和建造出来，从中山陵到中山纪念堂，都在寻找一个代表现代中国的建筑和政治空间。如位于辽宁沈阳的张氏大帅府内，建于 1918 年至 1922 年的仿罗马式风格大青楼，客厅内以床榻为中心的传统尊位不再出现，柔软的沙发在客厅中被普遍使用，包括木质或瓷质地板的铺设，地板上往往还铺有图案纹样复杂的地毯，使得整个室内空间变得更为轻松和休闲。电灯被大量使用，尤其是客厅经常会安置尺寸较大的水晶吊灯，与联排的玻璃窗户一起，使得整个室内光线充足和明亮。因为这一时期中国传统家具正在退出普通家居生活，其昂贵的价格也只有在军阀政要的居所中才能见到，而由西方传入的西式家具还不能满足全部的需要，因此在大帅府内我们可以看到两者共处一室的情形。但这一时期的建筑和室内设计风格往往是夸张的，甚至是有些装饰过度，这或许与同时期西方正在兴起的"新艺术运动"和"装饰艺术运动"的影响有直接的关系。同样欧洲的家具设计也受到东方尤其是中国传统家具样式的启发，所以我们在面对这一时期的室内设计空间时，明显感觉到两者之间的互动。1929 年营建的南京总统府与大帅府有很多相近之处，主要的办公空间都是摆放圆桌的会议室，而会客室就是由沙发和简单的台几构成，装饰风格更偏简洁朴素，整个空间显得尤为肃穆。而更为大型的会议则是在固定的礼堂空间举行的，如落成于 1931 年"双十节"的广州中山纪念堂，就是设计为政治宣讲的空间。其设计者吕彦直沿用了希腊十字平形平面，强调造型的向心性和各个立面在视觉上的完整性和均衡性，并将西方普遍采用的穹窿顶变为中国式八角攒尖顶；室内的 4 608 个座位分为上下两层，首层池座面向主席台，二层廊座和楼座呈"U"形环绕在主席台周围，这也成为至今公共性建筑空间内部的典型样式。

↑ 民国时期沈阳大帅府内部

↑ 民国时期沈阳大帅府内部

↑ 民国时期沈阳大帅府内部

↑ 民国时期南京总统府室内装饰

　　新中国成立初期北京的城市规划深受前苏联专家的影响，建国十周年兴建的十大建筑包括人民大会堂、革命历史博物馆、革命军事博物馆、全国农业展览馆、北京民族文化宫、钓鱼台国宾馆、民族饭店等，基本上都采用了钢筋混凝土的建筑结构，其建筑规模宏大、气势撼人。尤其是人民大会堂，内部设计有中央大厅、万人大礼堂、迎宾厅、国家接待厅、金色大厅、各省代表厅等，家具陈设简朴、端庄、大度，追求适度装饰而又不失堂皇之感。这些建筑空间方正，地面多用彩色大理石铺砌，顶部安装有巨大的水晶灯饰，厅内只是简单摆设了沙发座椅和台几，表明其在公共政治生活中的具体功用。除此以外，即使是在中南海等国家政要的居所中，室内

的生活用具都是比较朴素和简洁的，这与一个时期计划经济模式，及其经济生活的匮乏有直接的关系。直至二十世纪八十年代改革开放之后，现代居室空间中才逐渐出现了组合式家具，但相对在形式和制作工艺上都较为乏善可陈。伴随着中国经济的发展，居民收入水平的提高，制作工艺良好的现代家具才进入到普通人的生活之中，并且很多人开始注意到室内设计的重要性，能够把相对较小的居住空间更合理地分配和使用。1998 年始住房商品化改革推行，居民人均住房面积才有了明显的提高，很多房地产开发商在建房后同时配套装修住房，大多采用简约风格的现代家具进行布置，注重与家用电器的空间协调；而近年来一些追求新意的建筑开发商，则

↓ 广州中山纪念堂内部

↑ 广州中山纪念堂内部

开始重新引入中国传统建筑的形制和家具样式，形成不同室内设计
风格多样并存的新局面。相对而言，我们对于中式室内设计的理解
并不准确，反观当代日本室内空间的设计，则都是追求更为实用的
功能，而非视觉。

今天中式室内设计空间追求的淡雅、空灵，事实上是也非常契
合欧洲现代主义设计的基本精神理念，可谓殊途同归。因此大多中
式室内设计风格都是中西融合式的，既采用中国传统家具的结构形
式，又注重现代家具设计的舒适性和人体工学的原则，在语言风格
上追求素雅和清幽之感，重新激活了传统的视觉和文化空间。

→ 现代中式住宅

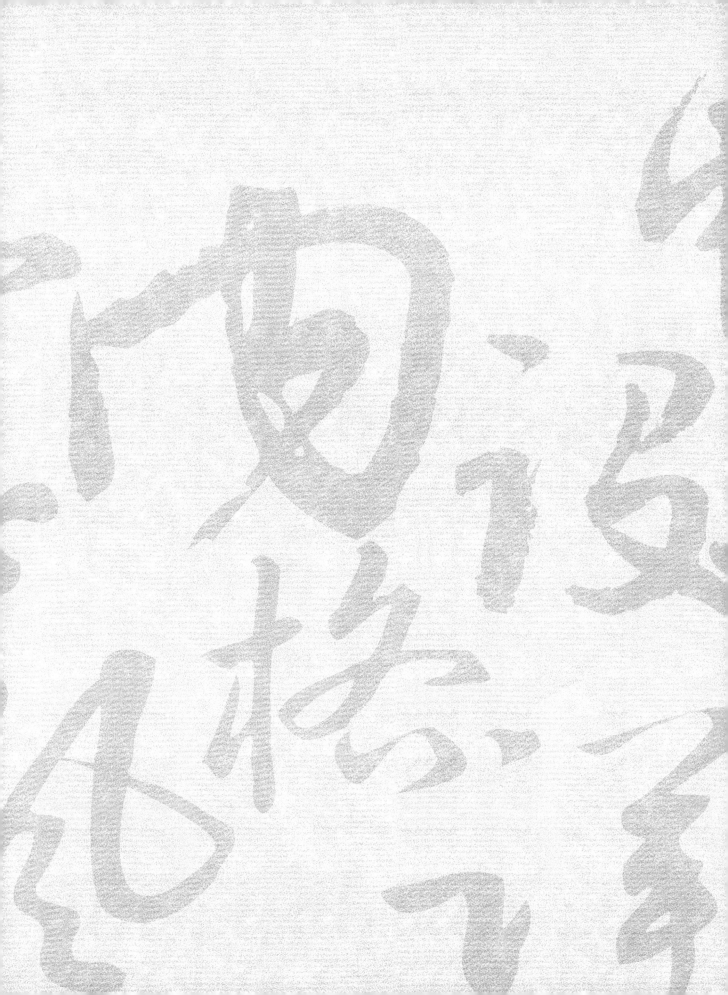

第2章
Chapter 2

撷英采华——中式室内设计节点
Refine and Discard: the Elements of Chinese Interior Design

第二章 撷英采华——中式室内设计节点
Chapter 2
Refine and Discard: the Elements of Chinese Interior Design

1 建筑环境与室内空间
Architecture Environment and Interior Space

任何建筑都是以空间的形式存在的，包括建筑本身以及围绕建筑而存在的环境，而建筑的内部则是人的居所，居所之中置放着与人的居住和生活有关的物品。伴随着建造技艺的发展，建筑的空间结构变得越来越复杂也越来越合乎人的需要，尤其是门窗、庭院的设计都对室内空间的感觉产生极大的影响。人从穴居开始，逐渐建造出简单的房屋，随着建造经验的丰富也为了居住更为舒适，这些房屋被建造得越来越大，同时增加了采光和通风，追求夏季清凉而冬季保暖，内部摆设的用具也越来越趋于精致和复杂。在这一过程中，建筑作为一种特殊的象征被赋予了新的意义。建筑成为宫殿、宗庙，也作为陵墓，开始具有不同的等级和结构关系，室内空间也就拥有了不同的功能和形制。

作为人的居所的基本功能，中国的建筑环境和室内空间非常强调融于自然：建筑环境是为符合人对室内空间的要求而设计，最为根本的还是人与室内空间的关系，室内空间也是建筑环境的延续，被建筑结构所安排和规划，并且在追求人与自然融合的思想观念中，建筑环境也可视为室内空间的延伸，因为人会在室内空间和建筑环

↑《韩熙载夜宴图》，五代，顾闳中。长卷，绢本设色。纵 28.7 厘米，横 335.5 厘米，北京故宫博物院藏。

《饮乐宴图》局部，清，樊圻。长卷，绢本设色。纵 28.1 厘米，横 392.8 厘米，美国克利夫兰美术馆藏。

境之中来回走动。建筑环境和室内空间的设计从来不是分离的，而是被整体考虑和把握，并完成一种功能的相互补偿和交换。建筑环境偎依在自然之中，室内空间尽管是封闭的存在，但也从属于建筑内部。人通过室内空间感受到的自然的光、风、气，观看到的花木、鸟兽、池鱼和山林，都是建筑环境所决定的，也是建筑环境孜孜以求的效果。

诸如在秦时期修建的大量苑囿园池用于皇家的游乐，汉代的上林苑中所有的宫、观、周阁和复道相属的建筑群散布于自然景观之中，到了魏晋南北朝时期，关于人与自然的内在连接，则让人直接感觉到天地之间"道"的讨论越来越丰富，并出现了以山水为主题的园林建筑。在文学上，魏晋南北朝时期出现了大量的山水诗；在绘画上，出现了宗炳的"圣人含道映物，贤者澄怀味象"的思想。概而论之，建筑无法脱离自然而存在，甚至说建筑也必然成为自然的一部分，而自然也成为建筑的延伸，就像园林中的自然之物一样，成为建筑景观构成的内容。不仅如此，很多自然的景物诸如山石、盆景和插花还会进入到建筑的内部，以唤起人对自然的理解和想象。尤其是中国绘画史上，很多山水画作在最初都是被安放在居所内的屏风之上的，使人能够面对山水画而"卧游"其中，达到心灵与自然的契合。在五代顾闳中的《韩熙载夜宴图》中，我们可以看到类似的场景：在每一个画面空间分割的地方都会出现一个巨大的屏风，而屏风上的绘画基本上都是表现自然的山水景观。

苏州拙政园塔影亭

在中国传统建筑中，很多亭台楼榭都是开敞式的，没有或者只有很少的遮拦，以至于自然的光、风和气味都能够完全不受阻碍地穿行其中。通常这些建筑的内部都没有固定陈设的家具，而人的到来并不是为了感受建筑的美，建筑只是一个驻足观看自然山水之处，是为了人能够更为舒适地感受自然的存在。这意识可能源于一种人的天性，也很可能与老庄思想的影响有关。在老庄思想看来，田园和山林都处于尘世之外，人生的修为应该在于至纯至朴的追求，应该达到对尘世生活的忘却，以期待性灵的超升、忘我之境，最终与大自然融为一体。在唐宋之前，中国皇家园林建筑普遍规模宏大，而明清时期园林建筑规模普遍减小，尤其是造园技术的发展，包括很多重要文人都参与造园设计，如明代计成的著作《园冶》，就是全面而系统地总结和阐述了造园法则与技艺的著作。

2 山石、盆景中的情调
Art of Rocks and Bonsai

山石、盆景都是中国传统建筑空间中不可缺少的摆件，尤其是作为明清时期"造园"之用。中国的园林建筑是由建筑、山水、花木等共同组成的，讲究有诗情画意，其中的山石往往与水并置，所谓"叠山理水"，就是要构成"虽由人作，宛自天开"的情境。而盆景的妙处就在于小中见大，"栽来小树连盆活，缩得群峰入座青"。中国传统园林建筑就是要在有限而封闭的空间中，制造一种无限和广大的视觉和观感体验。

在中国传统园林建筑中，所谓的花木和池水往往都是围绕山石而构造的，意在将对自然山水的崇拜和热爱引入到居所的庭院之中。在计成的《园冶》中，谈到"掇山"：堆峭壁贵在突兀耸立，叠悬崖要在悬空挑出的石块后部坚固，最终达到岩、峦、洞、穴曲折而莫测深浅，涧、壑、坡、矶的形象要真实自然。而掇"园山"如果能够顺应自然变化，让山石高低错落、分散堆叠、疏密有致，就能构造出优美的景境；掇"厅山"不应该只是在庭院里高耸排列三座高峰，而应该在庭院前种植树木，在树木下点置若干玲珑石块，或者庭院中没有树木的话就在墙壁上嵌筑壁岩，然后在墙壁顶部种植垂萝，也能形成幽深的山林气息；掇"楼山"即在楼的对面掇山，适合尽量掇高才能引人入胜，如果能

唐代章怀太子墓室壁画中持盆景的胡服侍女

苏州狮子林探幽。

够与楼有一定距离则更有深远的意趣；掇"阁山"就是作为阁的步梯，所以应该"坦而可上，便以登眺"；掇"书房山"宜在书房的窗下用山石围驳成水池，让人能够凭栏俯瞰窗下，似有涉身丘壑、临水观鱼的遐想；掇"池山"就是在水池上掇山，要在池水内点石为踏步之用，山石的洞穴要潜藏于山石之中，可谓"穿岩径水"，而山峰要有凌空之感，有缝隙能够透过月光、招纳云烟之趣，如同海中的蓬莱仙岛一般；掇"内室山"应该坚固高峻，石壁应该挺直、岩块要悬空，防止孩童攀爬而伤人；掇"峭壁山"应该靠墙布置，先以粉白涂刷墙壁作为背景，山石讲究轮廓和姿态，要挑选有纹理的石头布置，同时点缀种植黄山的松柏、古梅、秀竹辅助，要有绘画的视觉感；掇"峰"要依据山石的形状来安置，选择纹理相似的山石凿榫眼安装，以立式为美，但都要用大石块来统辖和封顶，注意重心点防止倾斜倒场；掇"峦"要有或高或低的层次感，随着石块的形态随意造型，错综叠成，不需要特别排列而达到随意自然的效果为妙；掇"岩"要达到悬挑出去的骇人效果，起脚不能太大，渐堆渐大，但是要特别注重坚固；掇"洞"要做出门窗的效果，将乱石向中间合凑收顶，顶部用条石压牢，在洞顶可以堆土植树，或者筑台设亭造屋，达到自己想要的意境；掇"涧"是点活山石的重要方式，水涧应该被预先安排好形成深邃的意味；掇"瀑布"可以由山涧引水到墙头上制作成天沟，再引水到壁山顶上，制作一个水坑，

岭南派素仁代表作品《姻缘》九里香

水从石口流出成为瀑布，以至于有"坐雨观泉"的意境。

盆景和园林是同源相生的，钱学森先生就把中国园林分为四个层次，即盆景、窗景、庭院园林、宫苑。盆景就是在盆中造出别具匠心的缩微景观，有研究者发现，盆景的形成经历了原始先民的自然崇拜、昆仑神话和神仙思想、"一池三山"园林手法的出现、缩地术与壶中天、博山炉与砚山的流行等诸阶段后，到了汉代最初出现。在唐代章怀太子墓中甬道的壁画上，就发现了其相当成熟的形态。盆景主要分为桩景类、山水类和树石类，桩景类分为自然型和规则型，山水类分为水盆型、旱盆型和水旱型。盆景基本上都是以植物、山石、亭台、楼阁、小桥、古塔、人物、水、土等为素材，巧思设计并精心养护而成，追求"缩地千里"、"缩龙成寸"的效果。盆景如同园林一样，受到中国传统山水诗、山水画的影响，同样追求诗情画意和深刻的内涵，以至于有很多盆景都是在模仿绘画。应该说，盆景和园林相同之处都是"道法自然"，不同在于盆景是一种聚焦赏景，而园林是散点式的赏景。盆景和园林艺术充分体现了中国古代文化的自然观，儒家的入世精神是中国文化的主流，主导着园林的营建注重以人为本、天人合一的观念；禅宗是中土佛教的分支，被认为是介于哲学和宗教之间的思想，二者都对盆景和园林创作产生了决定性的影响。从用山石营造园林到制作盆景，都是沿着"崇尚自然"的道路行进。很多研究者认同中国的盆景制作虽然风格和种类繁多，但基本上可以分为北派和岭南派两种，尤其是岭南盆景早在宋代就已经出现"岭南万户皆春色"的景象，到清代已经是"风俗家家九里香"。盆景的放置很有讲究，一般而言，园林中的盆景多置于庭院中，使之更为精致耐看，往往与庭院有着统一的风格，如园中有竹丛则置放一些梅桩、五针松或黑松之类的盆景，使这个环境有"岁寒三友"的文人气质。事实上，园林和盆景艺术，大多以制造田园牧歌式的遁世归隐的意境为审美追求的最高目标，要古雅，还要出奇、险、雄、秀，要有虚实、刚柔、曲直、隐现、藏露、巧拙、动静、真假、疏密、远近、大小关系的构造变化。

3 家具式样概览
Furniture Style Overview

家具是伴随着居所建筑出现的，从最早的席地而坐，或者坐卧于石头和木桩之上，到后来制造了专门的家具，经历了一个相当漫长的过程。两周时期的家具是中国家具发展史中的第一个高峰，通过文献与考古发掘可以得到很多印证，诸如坐卧用具的凭几和床，置物用的俎、梜和禁。本来家具是为日常生活的需要而制造的，但在注入了"礼制"的内容之后，其形制变得越来越有规范并且逐渐被固定下来。这时候的居室中，家具的置放一般都有临时的性质，下为几、席和床，上为幄、帟、幕、帐，中为状如屏风的扆。而后汉代承接先秦的礼制和形制，建筑结构以及室内空间分隔的灵活原则没有大的改变，只是席坐家具不断完善和成熟，出现了很多变化的样式，如从几扩展出置于帷帐之前的长案、食案、书案、奏案，用于坐具的则出现了隐几、凭几，从床分化出较小的榻等。尽管此时家具的式样丰富，但最为基本的组合已经确定就是隐几和榻，它们在日常起居中经常使用。另外一次家具史上的重要变革是唐代，这是矮脚家具和高脚家具并行的时期。在这一时期床成为最为特殊的类型，而且其概念变得相当宽泛，应该说只要下有腿支撑、上有

河南信阳楚墓髹漆彩绘大床

面板，不管是置物、坐人还是用来睡卧，都可以被称之为床。而宋代时支撑起室内陈设的，除了几、榻和屏风的组合外，另外一个中心就是桌和椅子。应该说，至此中国家具的基本式样事实上已经确定，而明清时期家具的结构变得更为复杂而多样，通过榫卯结构等高超的制造技艺，使中国的家具艺术表现出前所未有的新高度。

床榻：床是用来睡卧的用具，传说神农氏发明了床，今天我们能见到最早的有两例：一是在河南信阳长台关出土的战国中期楚墓的髹漆彩绘大床，四面装有围栏，前后各留一缺口以便上下；二是在湖北荆门包山楚墓出土的折叠床，每边都有床档、床枋和可以拆卸的活动木撑，各个部件的连接全靠一卯一榫的拼斗咬合。

魏晋南北朝时期，佛教东传为席坐时代稳定成熟的家具形制带来了很多新的变化，尤其是可以折叠、便于携带的、来自西域的胡床，在家具制造中甚为流行。唐代床的概念比较宽泛，比如可以作为尊位的坐具，所谓"尊者坐于床"，在唐代笔记小说中非常常见，

一般床上还会设有几案、书案，人可以在床上"当案而坐"，而床的两边再陈设一些凳子。还有日常生活和宴饮时用的坐具也被称为"床"，甚至是矮脚的几案也被称为床，诸如食床和茶床。在西汉后期出现了榻，是供一人休息使用的坐具，《释名》"长狭而卑者曰榻"，"榻，言其体，榻然近地也"，《通俗文》"三尺五曰榻，独坐曰枰，八尺曰床"，由此可见，榻和床的结构非常相似，只不过是体量较小而已。并且在唐代，床和榻之间的界限并不清晰，诸如床有围子而五代开始榻也装有围子，在顾闳中的《韩熙载夜宴图》中，我们可以看到两件形制相似的床榻，甚至有一件床榻上有五个人同坐，可见并不是体量小的才叫"榻"。我们在保存下来的宋代绘画中看到宋代的坐榻、卧榻基本上都没有围栏，还要配凭几、直几作为辅助家具。相对而言，明清时期专门用来睡觉的被称为"床"，有架子床、龙凤床、拔步床等著名样式，而主要用来坐卧的被称之为榻，如罗汉床等。

龙凤床多用龙凤纹作为装饰，故得名"龙凤床"。龙凤床的形制除了饰于龙纹的特点之外，也有各式架子床、拔步床形制。龙凤床大多用料粗大，雕刻繁复、造型厚重、华丽，是尊贵身份的象征。

红木嵌云石贵妃榻。贵妃榻是古代汉族妇女小憩用的榻，面较狭小，可坐可躺，制作精致，形态优美，故名"贵妃榻"。

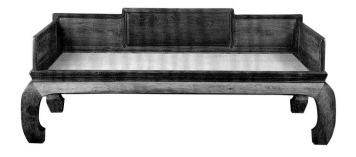

罗汉床三面围，一面开，尺寸既适合斜倚、交谈和看书又适合小憩，明清后变成很重要的待客工具。在罗汉床上加一小几，烹茶摆棋，功能多样。

黄花梨螭龙纹六柱式架子床。架子床是指有围栏并以立柱支起顶的床，并可挂起帐子，这种床是为适应古代大的室内空间而设计，强调私密和舒适，不一定适合现代的家居空间。

拔步床形制高大，结构复杂，好像把架子床放到了一个木制镂空围栏的小房间中，中可放置睡铺、梳妆台、小橱等，也是为古代大室内空间而设计，同时是财富的象征。由于其制作工艺繁复，也称为"千工拔步床"。

几案：几和案最早是同一类家具，其形制应该都是来源于早期的俎。俎的最初形制就是用四根立木支撑其俎面，《礼记·明堂位》称"俎，有虞氏以梡"，郑玄注"梡，断木为四足而已"。商周时期有大量的石俎和铜俎，战国中期出现了大量的漆木俎，但已经具备几案的形制，宋代高承选《事物纪原》说"有虞三代有俎而无案，战国始有其称"。此时几案的使用有着严格的礼仪规范，并设有专门的官吏掌"五几"，即玉几、雕几、彤几、漆几、素几。几的礼仪制度一直沿用到汉代。几和案的形制差别很小，一般来说几的长宽比例略大些，从外形比例上看，几面较案面要窄。不过，几案这种家具一般是在居室的尊位才有，或者尊位的几案相对较大，而客座没有或者配有很小的几案。还有一种比案更长的式样叫作"桯"，还有类似的博局等。也是战国以后，几案就有书几、书案、食几、食案、食桯、奏案、敞案等划分，变得越来越多样，而俎的名称使用逐渐减少。至宋代高脚家具的普遍应用，原来的几案也逐渐演变为更高脚的桌案，但几案的名称依然存在。相较而言，高脚的一般本称为"桌案"，而矮脚的仍被称为"几案"。在明清家具有，几一般有炕几、条几、香几、花几、茶几、凭几等；案有条案、架几案、书案、画案等。

炕几是在炕上使用的矮形家具，炕案较窄，以前放在炕或者大床的两侧使用。形制娇小、灵活多变。

条几，长条形的几案。在明清时期最为盛行，除了用作摆设外，条几还充当茶几。由于条几结构简单，易于移动，因此，其用途广泛，更为实用。

香几与半桌一样，都为装饰性家具，所以造型瘦高，腿足弯曲夸张，足下有"托泥"，椅面优美，常见有圆形、梅花形、多边形等。古时候的人们用香几摆放香炉或花瓶，现在则不拘一格。香几占地面积不大，是点缀居室空间的良具。

平头案取材于我国传统建筑结构——大木梁架的造型，优美而牢固，其特征就是案面平直，无束腰，且四足缩进案面，两挡板多为雕刻装饰。

案面两端装有翘起的飞角，故称翘头案。翘头案大多设有挡板，有精美的雕刻。

架几案是指在两个几座上摆放一块面板的案，是一种形制较大的案，符合较大的室内空间，运输方便。

卷书案的特点是没有翘头，比较圆润。有的侧面翻卷与桌腿连成一个整体，有的仅是桌面向两侧的下方翻卷，并不影响桌腿的形状。

桌椅凳：桌的形制大约是在唐宋时期才从几案逐渐发展而来的，但在此之前亦有发现类似于桌的形制、高脚的几案。桌属于高脚家具，一般都是和椅或者凳配套使用的。在明清时期的高脚家具中，有些桌和案形制很相似，一般认为桌比案略小，并且桌的面板长宽比例一般不超过2：1，并且腿足安装在面板的四角处。我们在唐代佚名《宫乐图》中可以看到一张大长方桌，四面有十位仕女围坐。五代时期顾闳中的《韩熙载夜宴图》中我们也可以看到长桌和方桌，已经是使用夹头榫的牙板或牙条，桌腿之间有了横枨，通常为正面一条侧面两条。与其配套出现的椅面则矮于桌面。宋代时桌已经出现了束腰、马蹄、蹼足、云头足、莲花托等装饰手法，结构上还有了罗锅枨、矮老、霸王枨、托泥等新部件。

我们在赵佶的《听琴图》中，可以看到专门用于弹琴使用的琴桌，造型颇为雅致。椅的出现较桌早，主要在于其结构上有供人依靠的设计，最早一些带围栏可依凭的坐具都可以被称为"椅子"，尽管有研究者认为椅应该出现于汉灵帝时期，前身是汉代由北方传入的胡床，但唐代中期以后，椅的使用才逐渐增多，并且从床的形制中

《听琴图》局部，北宋，赵佶。绢本设色。纵147.2厘米，横51.3厘米，北京故宫博物院藏。

分离出来。简而言之，有靠背的被称为"椅"，无靠背的被称为"床"。我们同样在顾闳中的《韩熙载夜宴图》中可以看到椅，一种小型的给宾客使用的不带脚踏，一种体量较大的给韩熙载坐的有脚踏。还有与椅有同样功能的坐具是凳，凳最早的名称是胡床的别名机凳，还有另外一种类似于凳的家具是用来上床踩踏的脚凳。凳专指无靠背、无扶手的坐具。从两汉到唐代，凳的使用都比较普遍，唐代时高脚家具的发展使凳变得形制更多样起来。前文中谈到唐代佚名的《宫乐图》中这些宫女围坐的就是带花纹、垂流苏的月牙形机凳，在周昉的《挥扇仕女图》中可以看到被描绘的更加细致。我们在宋代苏汉臣的《秋庭戏婴图》中，可以看到黑漆彩绘的圆墩状的凳，四周开有七个圆形的洞，托泥下还有小龟脚，精美华丽。在张择端的《清明上河图》中还可以看到店铺中都是各式各样的桌凳和桌椅，形制都比较简单，普遍使用的都是侧脚和收分的结构。明清时期的桌有方桌、圆桌、半桌、酒桌、琴桌、棋桌、供桌等；椅有太师椅、交椅、圈椅、官帽椅、靠背椅、玫瑰椅、禅椅、围椅、六方椅、轿椅等；凳有方凳、春凳、梅花凳、圆凳、八足圆凳、圆鼓坐墩、直棂式坐墩、条凳、脚凳等。

←←← 《秋庭戏婴图》，北宋，苏汉臣。绢本设色。纵197.5厘米，横108.7厘米，台湾"故宫博物院"藏。本幅画描绘的是在庭院中，姊弟二人围着小圆凳，聚精会神地玩推枣磨的游戏。不远处的圆凳上、草地上，还散置着转盘、小佛塔、铙钹等精致的玩具。

↑ 《清明上河图》局部

↑ 《清明上河图》局部

方桌，桌面为方形的桌， 古时主要摆放在客厅正堂朝南位置，桌后配供案或供桌。

褡裢桌，配有抽屉的写字台。

圆桌，桌面为圆形的桌，一般中间由一根饰有花纹的粗大立柱支撑起，称为"百灵桌"，现在则发展为有不同数量的桌腿。

半桌，桌面为半圆形或半多边形的桌，主要是靠墙摆放，用于摆放装饰品，因此造型灵巧优美，多为三足或四足。

宝座作为皇帝的专用座椅，是权利和尊严的象征，造型庄重，尺寸较大，座位极宽，人坐其中一般三边都靠不着，并饰以代表皇权的龙纹。

交椅是在马扎（古时候称胡床）的基础上加上圈背而成，是一种腿部交叉、可折叠的椅子，其椅面常用布面或绳子编制而成，因此轻盈便携，是重要人物出门常用的家具。其缺点是承重量低，没有其他椅子牢固。交椅的形制主要体现在椅背的形状上，分为直背交椅和圆背交椅两种。

太师椅最早是指椅背上有托首（即在椅背的最上端多做一块木板以用于托住脑袋）的扶手椅，清代后太师椅的造型发生很多变化，人们渐渐把所有硬木制的、贵重的、能显示身份的扶手椅称为太师椅。清代后太师椅的典型样式是椅背、扶手和椅面相互垂直，亦称作"清式扶手椅"。

圈椅是指四足垂直椅面、扶手与搭脑（位于椅背、衣架等家具最上的横梁）形成完整弧线的扶手椅，手臂靠在其上可以得到完全的休息。另外椅背只有一块矩形靠背板，通常做成 S 形或 C 形，在使身体得到全方位放松的同时保证背后的通风。

官帽椅指搭脑两端出头的扶手椅，自宋代就有，因搭脑形似宋代的官帽而得名。官帽椅的形制有三种，一是搭脑、扶手都出头，称为"四出头"，一是只有搭脑出头或者扶手出头，称为"两出头"，一是都不出头，称为"南官帽椅"。

玫瑰椅是所有扶手椅中椅背高度最低的一种。最早是椅背高度与扶手齐平,明代后椅背高度一般不超过窗台,使人临坐而不挡住风景和空气流通。

靠背椅,没有扶手只有椅背的椅子,一般有两种形制,一种是搭脑不出头,称为"一统碑"。一种是搭脑两出头,称为"灯挂椅"。靠背椅可随处移动,可用于居室许多地方。

禅椅是指椅面多出一块地方用于盘腿打坐的椅子,有些是有椅背和扶手,有些只有椅背。禅椅造型开阔,因其特殊的功能非常适合放置在用于静心思考的场所或营造禅意的院落。

方凳,凳指与椅子相比,有腿没有椅背和扶手的坐具,椅面为矩形或方形的凳子,明朝的凳子多为长方形,清朝多为正方形。后来又发展出梅花形、椭圆形等椅面的凳子。

梅花凳，凳面呈梅花形，设有五脚，造型别致，是一种颇有特色的凳子。

鼓凳形制像鼓，因古时候用绣品蒙面做装饰，因此又称"绣墩"。鼓凳的特别之处还在于其他家具一般是木制的，鼓凳有陶制和木制两种，不同种类的陶瓷演绎出不同味道的鼓凳。

箱柜：箱柜是有盖和门的储物用具，在商周时期已经有使用，初名为椟或匮。《说文解字》中说"箱，大车牝服也"，《篇海》中说"车内容物处为箱"，所以说，箱最早是专指马车上存放东西的用具。还有另外一种体积稍小的匣，南宋戴侗《六书故》中称"今通以藏器之大者为柜，次为匣，小为椟。"目前发现年代较早的实物，是河南信阳长台关战国楚墓出土的小柜、湖北随县曾侯乙墓出土的漆木衣柜，但是很多研究者认为这两处出土的五件柜子应该被时人称为"箱"。

箱的名称也可以按体积的大小来分，较小的箱被称为"匣"，再小的接近小盒的就可以称为"椟"了。还有一种出现在魏晋南北朝时期的从前面开门的储物用具叫作"橱"，也有人认为橱应该是由汉代的几演变而来的，先有架格而后安装了围板，成为有腿足的箱状用具。橱特征就是由前面开双门打开的立式用具。在席坐时代橱的高度并不是太高，面板上还可以继续放置物品；在高脚家具时代，橱的高度又增加了，可以被称为"立柜"。要知道在最早的时候，所谓的橱一般都是用来存放食物而制作的，后来式样越来越丰富，明清时期出现了架格、亮格柜、圆角柜、四扇门圆角柜、方角柜、顶箱立柜、书画柜、炕柜、多宝格、闷户橱、藏书橱、佛橱、陈设橱、衣橱等。

战国彩绘二十八宿图漆衣箱

架格指三面浅围、不带门的柜子，整个架格被分隔成若干格层，主要存放平时常拿取的物品，有些依据书的尺寸制造的成为书格或书架。

亮格柜是格与柜的综合体，上部分为通透的架格，下部分是有柜门的柜子。柜内贮物，重心在下能够保持稳定。

多宝格兴盛于清朝，是一种形制独特的架格，格内分割为横竖不等、错落参差的空间，用于摆放不同大小的陈设品，外形上有长方形、圆形、瓶形、多边形、月洞形等，极具丰富的视觉效果，开辟出一种新奇的意境。多宝格多为成对摆放，左边有的错落，右边也有相应的错落。

圆角柜，又叫面条柜。明代经典的储物柜，形制上窄下宽，只有两扇柜门，又称"A形柜"。因其上窄下宽的造型，这种柜子给人非常稳定的视觉感受。但是面条柜要单独或分开摆放，当两个面条柜摆在一起时所产生的倒三角的空隙非常不美观。

方角柜柜体垂直，四条腿全用方料制作，没有侧脚，柜门采用明合页构造。

闷户橱最上层为抽屉，没有柜门，但拉开抽屉后底下有储物的空间，称为"闷仓"。且闷户柜两边饰有翼形装饰，柜面狭长低矮，除了存储还可以用以摆放陈设。

↑ 西汉五彩漆画屏风

现今发现最早的、出土于长沙马王堆一号汉墓的漆屏，正面就绘制有腾空飞起的龙，同样我们在明清两朝紫禁城乾清宫中的龙椅背后的屏风上发现，身着龙袍的皇帝与龙椅和木质金漆的屏风融为一体，上至天顶藻井下至御前的台阶都是龙的形象，以至于观者会感受到一个很大的权力空间的存在。在中国绘画史中，有诸多描绘屏风的图像，最著名的有五代周文矩的《重屏会棋图》、顾闳中的《韩熙载夜宴图》，我们看到屏风不仅起到遮蔽和划分空间的作用，而且屏风上的绘画还具有一种隐喻性的含义。著名学者巫鸿先生在《重屏：中国绘画史中的媒材与再现》中专门讨论了屏风画的演变，指出目前中国美术博物馆所收藏的大量卷轴画作品，很可能在最开始是以屏风画的形式出现的。在《重屏会棋图》和《韩熙载夜宴图》中都可以看到山水画屏风，这与中国传统文人对于山水的崇拜、对于超脱物外的情怀的心理诉求是相关的。明清时期的屏风主要有大型的落地屏风、带座屏风、折叠屏风、插屏、座屏、折屏，还有小型的炕屏、挂屏、镜屏、桌屏等；因使用的材质不同，硬屏风有木雕、嵌石、嵌玉、彩漆、雕漆，软屏风也有以上材质，但基本上都是比较小型的桌屏、炕屏，较大的软屏风多是以木做框架，裱糊上山水、人物、花草、鸟兽等图画，也有刺绣花纹的。

屏风：屏风是一种非常古老的用具，《物原》中说"禹作屏"，史籍中记载周天子使用一种名为邸和扆的用具，说是周天子在正式的礼仪场合里，其座位后面有一个大方木板，上面画有符文或彩绘的凤凰，而扆和扆座便专指置放在帝王座后面的屏风，一直延续到清王朝的覆灭。在庆典中，帝王"负斧依"，象征着作为世界的中心，接受臣工和属民的朝拜。因此，屏风在居室空间中都是与尊位配合出现的，为兼具礼仪性和象征性的帝王空间划分边界，似乎又是帝王自身的一部分。屏风如同帝王的脸一样，是所有参加典礼的人都会看到的东西，帝王和屏风都面向臣工和属民，屏风也装饰了帝王的仪容。

围屏，可以折叠的屏风，一般由双数的单屏扇连成，因无屏座，放置时折成锯齿形，故又称"折屏"。

插屏，宋朝时文人为了防止桌上的墨被吹干，发明了一种可放在桌上的小屏风，称为"砚屏"。后来砚屏逐渐演变为一种桌案上的装饰性屏风，就像是缩小版的地屏。且屏心是独立的，能被单独取下，称为"插屏"。

地屏，单面的落地大屏风，下面有屏架。

挂屏，挂在墙上的屏风，取消了屏风分割空间、遮挡的功能。

4 文人生活与书画艺术
Life of Scholars and Art of Painting

中国绘画的源起甚早，应与先民的信仰、丧葬和巫术活动相关，诸如在湖南长沙楚墓出土的战国时期的两件帛画《战国人物龙凤帛画》和《战国人物御龙帛画》，就是与祈祷墓主人升仙的作用相关。唐代张彦远《历代名画记》中开篇说"画者，成教化，助人伦"，意思就是绘画的基本功能是辅助道德规范的，我们在魏晋时期顾恺之创作的《女史箴图》和《烈女仁智图》中即可见一斑。从汉代设立画室，到唐代设立翰林院管理绘画的事务，再到五代时期西蜀和南唐都设立了宫廷画院，这一漫长时期绘画基本都是为皇家和政治服务，诸如阎立本的《历代帝王图》和《步辇图》，张萱的仕女画《虢国夫人游春图》和《捣练图》等；还有就是从魏晋南北朝到隋唐，很多画家都在描绘与佛教故事相关的内容，是为宗教服务的一种工具，诸如曹仲达、张僧繇、吴道子等。应该说，直至唐代一直没有出现"文人画"的概念，而这些宫廷画家和职业画家都更多是将绘画视为一种技艺，而不是文人画家对自我的关注。

《战国人物龙凤帛画》，1949 年长沙东南郊楚墓出土，绢本墨绘淡设色。纵 31 厘米，横 22.5 厘 ⸺⟶ 米，湖南省博物馆藏。

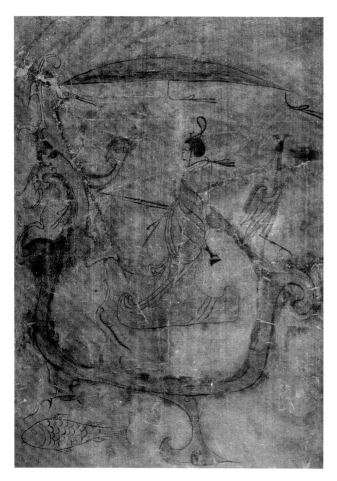

↑　《女史箴图》局部，东晋，顾恺之。卷，绢本设色。纵 24.8 厘米，横 348.2 厘米，英国大不列颠博物馆藏。

⟵⸺　《战国人物御龙帛画》，1973 年长沙子弹库一号墓出土，绢本墨绘淡设色。纵 37.5 厘米，横 28 厘米，湖南省博物馆藏。

↑　《步辇图》，唐，阎立本。卷，绢本设色。纵 38.5 厘米，横 129 厘米，北京故宫博物院藏。

↑　《潇湘图》，五代，董源。卷，绢本设色。纵 50 厘米，横 141.4 厘米，北京故宫博物院藏。

　　五代时期很多隐居山林之间的画家创作了山水画，北方的荆浩《匡庐图》、关仝《关山行旅图》，南方的董源《潇湘图》、巨然《层岩丛树图》等，才真正开启了文人画的创作意识，就是说这些绘画不是为皇家抑或寺院创作的，而是描绘了文人理想世界的桃花源境。北宋时代有苏轼的《枯木窠石图》、文同的《墨竹图》，苏轼对于"士人画"、"文人画"有着熟为人知的描述，"论画与形似，

见与儿童邻"，意思就是说绘画如果是只是追求画得像的话，与孩童的审美追求无异，也就是说绘画要追求一种意气，而不是造型。这里我们可以将魏晋南北朝时期南齐谢赫《古画品录》中的"六法"与其进行比对：气韵生动，骨法用笔，应物象形，随类赋彩，经营位置，传移模写。这里应物象形也是被放置在第三要，而第一要是更为抽象的感觉即绘画的气韵，要充满生机和活力，第二要是在谈

用笔，要追求撰写书法作品一样力透纸背的感觉。晚明董其昌专门有关于文人画的讨论："文人之画自王右丞始，其后董源、僧巨然、李成、范宽为嫡子；李龙眠、王晋卿、米南宫，及虎儿，皆从董巨得来；直至元四大家黄子久、王叔明、倪元镇、吴仲圭，皆其正传；吾朝文沈，则又遥接衣钵。若马、夏及李唐、刘松年，又是大李将军之派，非吾曹当学也。"这里梳理出一条线索，即文人画应该是从唐代王维开始，但是可惜的是所保存下来的王维的作品并不可靠，而五代的董源和巨然可被视为文人画的大家。换而言之，五代时期是文人画意识开始觉醒的时期，至北宋有苏轼、文同，还有董其昌所列的李成、范宽、李公麟、王诜、米芾、米友仁。元代又是一个政治秩序混乱的时代，很多文人士大夫又退隐山林之间，出现了文人画创作的典型风格，黄公望《富春山居图》、王蒙《葛稚川移居图》、倪瓒《秋亭嘉树图》、吴镇《渔父图》，都以一种更为书写性的用笔，置换了范宽《溪山行旅图》中以染为主的用笔。倪瓒在文章中谈到"仆之所谓画者，不过逸笔草草，不求形似，聊以自娱耳"，可以代表这一时期文人画追求自我表现的主要思想。

《层岩丛树图》，北宋，巨然。轴，绢本墨笔。纵 144.1 厘米，横 55.4 厘米，台湾"故宫博物院"藏。

《墨竹图》，北宋，文同。轴，绢本水墨。纵131.6 厘米，横105.4 厘米，台北"故宫博物院"藏。

《秋亭嘉树图》，元，倪瓒。轴，纸本墨笔。纵134 厘米，横34.3 厘米，北京故宫博物院藏。

事实上文人对于山水画的兴趣应该始于魏晋南北朝时期，此时出现了很多与自然山水有关的诗词和文学作品，"竹林七贤"也是追随老庄崇善自然的精神。当然对于山水的兴趣应该与古老的信仰经验相关，汉代的博山炉就表达了时人对于仙山和永生思想的信仰，而东晋时期的陶渊明隐居山林的思想为文人的山水情怀做了最经典的注脚。我们在顾闳中《韩熙载夜宴图》、周文矩《重屏会棋图》中，都可以看到文人士大夫对于山水屏风画的喜爱，而巫鸿先生的研究中也谈到五代至两宋的很多重要卷轴绘画，很有可能最早都是放置于文人居所的屏风画。也就不难理解，南朝画家宗炳在《画山水序》中提出"卧游"的概念，就是文人在居室中可以通过观看屏风或卧榻围板上的山水画，冥想一种超游物外的感受，以获得心灵的慰藉。并且在某种意义上而言，在文人生活的居所中放置山水画，甚至成为一种标榜自我身份认同的象征。这也证明中国传统文人事实上是儒家思想和老庄思想的融合体。不仅是山水画，两宋时期还确定了与文人画有关的花鸟题材，即梅、兰、竹、菊四君子。还有两宋时期由文人治国，其追求优雅而内敛的审美意识，以至于中国的家具都表现出前所未有的精致感，还有瓷器艺术的华美，也与这种普遍的审美取向相关。民国时期陈师曾在《文人画的价值》中谈到中国文人在书画的创作和审美观念上，要有人品、学问和才情，只有具备此三者，才能被称之为文人画，才是文人生活的至高追求。

5 酒文化、香文化与茶文化
Traditions of Alcohol, Incense and Tea

借助于酒的作用，人可以发散、宣泄，在迷醉的状态下放浪形骸，获得一种暂时的自由感，这种幻觉使人的精神得以升腾，并产生一种自然的艺术冲动，在西方的文化中被称为"酒神精神"。酒与中国的文人和武士思想之间，亦有着密切的关系。"风萧萧兮易水寒，壮士一去兮不复还"，这样悲壮的场景显然与酒有关；"竹林七贤"的阮籍、刘伶都喜欢饮酒，甚至将饮酒与魏晋风度联系在一起；东晋王羲之写作《兰亭序》的时候也追求曲水流觞后微醺的时刻，所谓"遒媚劲健，绝代所无"；而唐代的诗人李白、杜甫也写作了大

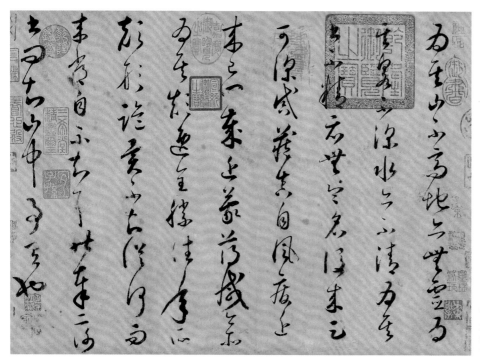

草书《论书帖》，唐，怀素。纸本墨迹。纵 38.5 厘米，横 40.5 厘米，辽宁省博物馆藏。

量的饮酒诗，宋代辛弃疾有"醉里挑灯看剑，梦回吹角连营"的名句。之所以仰赖于酒的作用，是因为文人认为酒能够使创作完全没有拘束，达到一种直觉性的真性情、真血性。不仅如此，酒与中国的礼教文化关系紧密，诸如商代的青铜礼器中，很多都是用于盛酒和饮酒的用具，还有在民间的婚丧嫁娶、祭祀神灵、敬拜先人时都

需要用酒，认为可以通过酒介质达到一种心领神会的沟通。在儒家和道家文化中，酒都具有非常重要的意义。还有就是酒与中国书法的结合，除了刚才说到的王羲之，唐代的"颠张狂素"也表现出酒对于书法艺术创作的推助作用。唐朝文化极具浪漫主义气质，张旭为人洒脱豪放，嗜好饮酒，呼叫狂走，挥毫作字，创立了狂草风格。

↑ 《高逸图》局部，唐，孙位。卷，绢本设色。纵 45.2 厘米，横 168.7 厘米，上海博物馆藏。

《墨葡萄图》，明，徐渭。轴，纸本水墨。纵 116.4 厘米，横 ⋯⋯⟩
64.3 厘米，北京故宫博物院藏。

与之齐名的怀素更是一日九醉，"忽然绝叫三两声，满壁纵横
万千字"，达到一种心手合一的境界。张旭和怀素的书法创作
都是"虽复变化多端，而未尝乱其法度"，堪称酒与书写结合
的典范。另外就是宋代的诗人和书法家苏轼，一生坎坷，撰写
了很多与酒有关的诗篇，酒不仅仅作为一种生活方式，而且其
影响还渗入到整个诗词创作的内里之中，使苏轼的诗词充满了
进行抒情的快意。而明末清初时期徐渭、王铎、朱耷和傅山都
是喜欢借酒抒怀，为自身的书画艺术创作注入了一种"原力"，
激发出一种极具表现主义的创作状态。

　　从考古的资料来看，中国在很早的时候在居室内已经有香
炉的设置，而其中燃的香基本上都是本国的草本植物，在《左
传》中曾记载"一薰一莸，十年尚犹有臭"，都说明关于草的
味道的敏感。从历代出土的大量香炉来看，战国时期的熏炉已
经非常精美，就是专门放置于室内熏香之用的，所燃烧的草本
植物多是香茅之类，主要还是为了驱赶蚊虫、清除污气。后来
在南方的汉墓中出土了大量熏炉，而且这个时候从南方输入了
不同的香料，从西域亦引进了苏合香等，乐府诗中也记载了大
量的香料品类。著名的汉代博山炉或者为豆形，或者为三足，
上面的盖子装饰有神山、珍禽、异兽、大海，应该就是受到道
家神仙和方士思想影响的东方"蓬莱仙岛"，在盖子上有小孔，

而香烟在小孔中飘绕而出，宛如置身于仙境之中。这个时期的香与王室贵族的推崇有关，也与佛教的宗教仪式大量使用有关，不过一直到魏晋时期，人们对沉香还没有太清晰的认识。唐代的香文化就非常丰富了，焚烧的很多香木中就有沉香，尤其是佛教兴盛，在流行的浴佛仪式中焚烧甚多。在这个时候很多建筑材料中也使用带有香味的檀香木料、沉香木料，甚至是以麝香和乳香筛土和泥粉刷墙壁，使整个建筑和室内萦绕在香味之中。宋代的时候香料大量进口，士大夫群体中开始流行香文化，享受一种"幽室焚香"的性灵生活方式，他们将各种香料研磨后加入蜂蜜做成香丸和香饼，再隔火熏烧，完全没有燥气的香气舒展自然。这个时候出现了丁谓的《天香传》来品评香味，确定了"味清且长"的品评标准；宋朝诗人范成大、黄庭坚都是品评的高手，可以看到宋人"焚香、品茗、挂画、插花"的"雅趣"是怎样的一种空间状态。文人一般清早起来就焚香，制造清心的效果，书斋的席面上一般有茶席也有香席，两件事基本一起做。

南朝到初唐时期的博山炉，通高 38.1cm。

《调琴啜茗图》，唐，周昉。卷，绢本设色。纵 28 厘米，横 75.3 厘米，美国纳尔逊·艾金斯艺术博物馆藏。

《文会图》局部，表现了宋代茶事的细节和点茶法。

《文会图》局部，宋，赵佶。绢本设色。台北"故宫博物院"藏。赵佶即宋徽宗，是中国历史上最具文人情怀的皇帝，他非常喜欢设茶宴款待文人身份的臣子，并作画纪念之。从中我们看到宋代瓷器茶具的不同器型、颜色、摆放方式等。

《萧翼赚兰亭图》，唐，阎立本。图中右为烹茶的老者和侍者，老者蹲坐在蒲团上，手持茶夹子正欲搅动刚投入釜中的茶末，侍童手持茶托茶盏，准备分茶入盏。高僧讲道的绘画主题，正好说明了在唐代茶与佛禅之间的密切关系。

《撵茶图》，南宋，刘松年。绢本设色。纵44.2厘米，横66.9厘米，台北"故宫博物院"藏。

　　茶叶的生产和利用在中国有着悠久的历史。中国传统家具中在唐代就有茶床，还有陆羽撰写的《茶经》，以三卷十节七千余言详细描述了茶叶的源起、生产和饮用的问题，创制了茶道二十四器，阐发了饮茶的养生功能，并明确将茶提升到精神文化的层面。宋代有蔡襄的《茶录》、赵佶的《大观茶论》，明代钱椿年《茶谱》、张源《茶录》，清代刘源长《茶史》、程雨亭《整饬皖茶文牍》等，使中国的茶文化渊源有目地保存下来。自唐代始有了"茶道"的称谓，江南高僧皎然《饮茶歌·诮崔石使君》诗中有"孰知茶道全尔真，唯有丹丘得如此"。茶道的基础是茶艺，茶艺的雏形出现在东晋，到盛唐出现了煎茶、点茶、泡茶的形式区分。煎茶道最早，到南宋的时候为点茶道所取代。也是自唐代开始，饮茶成为国人的时尚，尤其是很多文人士大夫都喜欢饮茶、品茶，并参与茶艺和茶道的创制。诸如白居易、颜真卿、柳宗元、刘禹锡等人，都喜欢以茶会友，在居室中辟出专门的茶室举办茶宴，吟作与茶有关的诗文和绘画，并撰写研究茶的书，可谓一大雅事。尤为值得注意的是，佛教的禅宗重茶，使得茶文化得以确立，而皇室贵族对茶文化的推崇亦不遗余力。佛教认为茶有三德，一是坐禅时助驱赶睡魔，二是满腹时助消化，三是抑制人的各种欲望，以至于很多寺庙都设有茶案，还有专门管理制茶的茶僧。在这个时候，茶叶成为皇室贵族祭祀、礼佛、赏赐的重要物品，直接推动了茶的流行和茶文化的发展。并且茶宴便于"玄谈兼藻思"，是一种非常清雅的举动，受到上下各方面的推崇，尤其是文人士大夫的禅悦风尚，与僧人的诗悦风尚结合在一起，在共同品茶的习俗中得到诸多共鸣。在士大夫的理解中，饮茶不仅是饮，更在于关联着生活的态度、艺术的品位，核心是连接于儒、释、道三家文化的生命哲思。在日本，茶道基于禅的修行；在韩国，茶礼基于儒家伦理；在中国，茶艺就是一种自然的哲思。

《品茶图》，明，文徵明。轴，纸本设色。纵 142.3 厘米，横 40.9 厘米，台湾"故宫博物院"藏。

以"枯木"为主题的茶席设计，选用质感粗糙的席面。

茶席的设计：茶席的布置一般由空间设计、席面设计、茶具组合、配饰选择、茶点搭配五大元素组成。席空间要根据茶的特性而设计，茶室布置得精美文雅，有书、画、插花等可供欣赏，此时的茶席就不仅仅局限在那一小部分了，而是品茶的另一番天地了。茶席的布置主题先行，确定主题后，陆续选择相应的茶席元素。将品饮的茶席设在自然环境中，和山林融为一体，当是现代茶席最为浪漫的情怀，是设置茶席的最佳选择。席面设计的色调通常奠定了整个茶席的主基调，布置时常用到的有各类桌布，如布、丝、绸、缎、葛等，色彩和纹样多可选用中国艺术所崇尚的中性色调及中国传统纹样，质感上应重淳朴粗砺，避免轻浮。竹草编织垫和布艺垫等兼有自然之美和工艺之美，而取法于自然的材料，如荷叶、沙石、落英铺垫等，则独辟蹊径，给人独特的审美感受；还有不加铺垫者，直接利用特殊台面自身的肌理，如原木台的拙趣、红木台的高贵、大理石台面的纹理等。

茶具，是整个茶席中的焦点，往往茶具的特色有启发主题的作用，温润淳朴的黑陶和紫砂，还是清新雅致的白瓷和青瓷，传递出的是不同的品茶心境。在现代审美的影响下，玻璃器皿、竹木茶具和铜锡茶具也成了一种特别的选择。根据功能区分，成套的茶具要包括泡茶壶、饮茶杯、贮茶罐和辅助用具——茶则、茶夹、茶漏、茶勺、茶针、茶筒、茶炉、茶船、茶荷等。

茶壶、茶杯 ⟶

贮茶罐

茶炉

茶道六君子（茶匙、茶针、茶漏、茶夹、茶则、茶桶）

茶荷

6 以色明礼的中国传统色彩理论
Theory of the Application of Traditional Chinese Colors

南齐谢赫《古画品录》中谈到"六法"，其中第四要谈到"随类赋彩"，同一时期宗炳在《画山水序》中也谈到"以形写形，以色貌色"，应该说这时的色彩观主要是模仿自然本身的色彩。阮璞先生谈到两者并没有什么不同，宗炳此说只是道出了绘画的以绘画的形、色去写貌客观物象的形、色的基本事实，但从这八个字来说，似乎绘画的能事，只是将客观能动地通过应物、随类，才能做到象形、赋彩。也就是说，中国绘画除了直接模仿自然的色彩和形状外，还有一些其他的因素在影响着色彩的思维和运用。

色彩的象征性是中国传统文化理论中一个非常重要的面向。从最初皇帝对于黄色的崇拜，到禹、汤、周、秦至汉代，帝王们从"阴阳五行"中析出五种色彩：东青龙、西白虎、南朱雀、北玄武，还有天地玄黄，对应的五行分别为木、金、火、水、土。帝王的服色会根据四季的变化取五德之色合

←── 《朝元图》台九灵太真金母元君

·······→

《朝元图》，太乙、玉女及雷神诸部，元，马君祥等。道教重彩壁画，画面高 4.26 米，全长 94.68 米，壁画共计 403.34 平方米。山西省芮城永乐宫。

乎天道，这些都使得在礼仪上赋予了色彩很严肃的象征意义，被奉为"正色"。道家崇尚水德，老子说"玄之又玄，众妙之门"，黑色是清静无为、不争、学婴、守雌的象征。包括秦始皇统一中国后仍是依先人惯例将黑色定为国色，"易服色与旗色为黑"。老子还说"五色令人目盲"，庄子说"五色乱目，使目不明"，就是反对色彩的乱用，主张以色证道。在魏晋南北朝时期，像谢赫、宗炳等文人精英都有很强的隐居心境，他们都希望能够解决物质和精神分离的问题，达到一种纯粹精神的自由，所以当时的玄学特别兴盛，融入了很多老庄、易经的核心思想体系。以至于使五代、两宋之后的中国山水画，水墨的黑色成为单一的色相，完全摆脱了色彩理论的体系。

在春秋时代孔子面对"礼崩乐坏"提出了以"仁"为核心的儒家思想，并将色彩的象征性作为礼的规范推行之。孔子认为要塑造完美的人格必须知礼、守礼、尊礼，儒家的色彩分类就从礼的角度将之分为不同的等级。孔子说"恶紫之夺朱也"，就是因为紫色是间色而朱色是正色，态度非常鲜明。《论语·八佾》中，子夏问曰："巧笑倩兮，美目盼兮，素以为绚兮，何谓也？"子曰："绘事后素。"曰："礼后乎？"子曰："起予者商也，始可与言诗已矣。"在这段对话中，围绕"素以为绚兮"、"绘事后素"有很多的讨论。孔子谈论绘画，子夏说礼，正合孔子的心意，表扬子夏说刻意和他"言诗"了。意思就是画家的修养，应该达到随心所欲而不逾礼的境界。"素"不能简单地理解为"白"，而应该理解为不加修饰，绘画的最高技巧就是看不到修饰的痕迹，但一切又都在礼的规范之中。儒家思想将色彩的纯正性与君子的品德相关联，认为要像守礼一

《法海寺壁画帝释梵图》，明，众画工。佛教重彩壁画，壁画共计 236.7 平方米，全图共计人物 77 个，北京法海寺。

样讲究用色的单纯性和稳定性。在儒家思想的影响下，魏晋以后的色彩改变了两汉时期红黑底纹的格局，开创了纯正、自然色彩的新风。两宋时期是儒道释三教合流的时期，再次强调了秦汉以来的"正色"理论，即对于红、黄、青、白、黑的纯洁性的肯定。在瓷器的色彩表现中，定窑清水白瓷、汝窑天青色、官窑秘色瓷、建窑黑釉瓷、越窑的青瓷、邢窑的白瓷，这些都是这种色彩理论和文化体系所成就的结果。

但伴随着佛教的传入，中国的色彩观念也发生了很大的变化，从素雅开始走向绚烂。隋唐以前的佛教壁画为了显示众生平等的思想，并没有显示出人物服饰、器物的差异，但唐代佛教本土化以后袈裟、庙宇和法器就多使用朱、黄两种"正色"，这是中国传统色彩观念的直接影响的一种体现。同时，随着佛教的传入，更为丰富的色彩变化开始出现，有很多的渐变、对比色、间色、赋色融入进来，极大拓展了中国的色域，使唐宋以后的色彩类型非常丰富。当然，以色明礼的古老观念也受到这种新色彩的冲击，但两者并存的局面依然没有改变。就是说，尽管儒、释、道思想中都有着不同的色彩观念，但并不影响彼此的存在，只是在不同的空间中有着不同的侧重而已。

《雍正朝服像》，清，郎世宁。轴，绢本设色。
纵 60 厘米，横 35 厘米，北京故宫博物院藏。

在中式空间中，不宜同时大面积地使用多种高纯度的颜色，大面积的混用会导致空间色彩紊
乱，使人产生疲惫、浮躁之感，也会破坏优雅的空间氛围。可降低纯度、明度，缩小使用面
积，适当地采用金、银、黑、白等无彩色作为过渡色，以达到和谐统的空间氛围。

红色有了经典的深色家具压阵，丝毫不显得媚俗。

　　中国的建筑和家具以各种木料为主，又因为古
典的中式着意在室内营造庄重、宁静的感受，因此
古朴沉着的暖棕色、黑灰色是最正统的室内设计主
色调。当下的设计师得益于更丰富的木色和现代主
义的审美观，各种中性色被灵活地运用在设计中。

　　另一个色彩体系是在中国文化的传承中形成的
观念性色彩，譬如来自皇家的明黄、来自喜庆的大
红、来自青花瓷的蓝色、来自水墨的黑等，它们具
有鲜明的可识别性和符号意义，以其承载的中国隐
性文化来表达中式的感觉。

7 风行水上的场所哲学
Philosophy of Creating with Nature

　　"风行水上"出自《周易·涣》，"象曰：风行水上，涣。"经研究者尚秉和先生考证，历代学者关于涣卦的考证而生发出的"风行水上，自然成文"的说法，具有可以推论的学理上的渊源。就"观物取象"的《周易》创制原则而言，"风行水上"自然会产生涟漪和波纹，是一种自然而然的物理现象。在《周易》的思想中，将天、地、人三才之道并列，这也就形成一种朴素的自然观，即不加干扰地观看和体验。对于自然而然观念的推崇，也就成为对娇揉造作、过度装饰，对过于追求外在形式的批判。同样，这种自然而然也就是追求一种简洁、清雅，而不是复杂和冗长的。换而言之，风行水上，就是中国传统文化中追求自然风格的表现。

　　当然，中国传统文化中对于自然关注在《周易》中有很多表现，秦汉时期还有很多关于自然和永生思想的联想，到魏晋南北朝政治混乱的时期，很多文人士大夫试图逃离儒家思想的影响接受老庄思想的启发：在公元二世纪时很多知识阶层逐渐疏远了那种以群体认同价值为标准的人格理想，转向了追求个人精神的独立和自由。而这一时期所谈到的"道"已经不再是儒家学说所关注的现世具体社会问题与道德问题的秩序和规则，而是秩序与规则得以成立的依据，是"不可以物象"、"不可以言说"的"无"。老庄之学中"天地之道，不为而善始，不劳而善成，故曰简易"，"天地易简，万物各载其形，圣人不为，群方各遂其位也"，要说明的就是不需要太多复杂的逻辑推理，而是在自然之中发现，通过直觉和体验，才能领略"道"的幽玄深远的意外之意。在这个层面上而言，中国传统文人的居所一直在模仿自然，"再造"一个"自然"，并赋予自然中很多事物以特别的意义，诸如山石、水、云和梅兰竹菊，认为这些物的聚合能够复现自然的存在。在居室内摆放的山水画屏风、花鸟画屏风，在园林中掇山石、种植秀竹，都是为了通过观看"自然"而理解至高的道理，无论是"卧游"还是"冥想"，都是要"格物致知"。也就是说，将自然引入到中国文人的居所之中具有一种象征的含义，即文人对于超脱物外的隐居生活的向往。从另外一个层面上来说，风行水上还追求营造一种空灵超逸的意境之美，不是一种沉重的力量感，而是一种令人感到欣喜的温暖。

　　还有，风行水上还有一种不过多干预自然本身生长的意思，我们在营造居所、制造家具用品的时候，应该是以最低限度的影响自然为前提。这两年来日本流行一种叫作"断舍离"的家居整理术，这种观念是对抗过度消费的物质主义的重要启发。尤其是近三十年来中国政治和经济的迅速发展，伴随着经济生活的改善和物质生活的丰富，同时对于自然资源的需求量也越来越大，生活环境也遭受了重大的破坏，尤其是空气、水和土地的污染，最后形成人与自然近乎对立的存在关系。当然，人类总是想得到更舒适的生活，但又总是在参与着破坏自然的事情：我们既有的生活方式亟待改变。在建造居所和制造家具时，应该以使用功能为主，要好用、实用，使其结构设计更合理、更具有人性化，减去不必要的装饰和工艺，以一种匠人的精神赋予其精神的含义。也就是要求我们更尊重自然，能够与自然融为一体。希冀在未来，我们能够达到一种真正的、风行水上的生存智慧和空间。

↑ 《山居图》，明，钱选。卷，纸本设色。纵 26.5 厘米，横 111.6 厘米，北京故宫博物院藏。

8 传统祥瑞视觉符号的使用
Use of Traditional Auspicious Visual Symbols

祥瑞在中国文化史上渊源有自，表达的是一种祈福的愿景，我们在建筑构件、家具、瓷器、衣饰上经常可以看到祥瑞的图案和符号。诸如在故宫太和殿檐角尖端上的装饰有骑凤仙人、鸱吻、凤、狮子、海马、天马、狎鱼、狻猊、獬豸、斗牛、行什，这些小兽的数量和排列有等级差异，但是都代表着一种特别的能力和守护神的寓意。鸱吻、狻猊都是龙的九子之一，而龙是帝王和神通广大的象征，凤是有圣德的尊贵、狮子象征勇猛威严、海马是吉祥的化身、天马是威德通天、狎鱼是灭火防灾的神、獬豸是勇敢和公正的象征、斗牛是除祸灭灾的吉祥雨阵物、行什是降魔防雷的象征。毫无疑问，这些象征祥瑞的小兽意在保护太和殿的安全，象征着一种政治秩序的稳定和合法，顺应天理。同时在太和殿的内部，藻井、六根明柱、梁和枋上都彩绘、雕刻有群龙的图案，宝座的上方藻井内有蟠龙衔珠的造型，与周身雕龙髹金的龙椅、龙椅后高大宽阔的雕龙髹金屏风一起，构成一个皇权至高无上并受到天神保护的场域。不仅如此，在宝座的两侧还设置有成对出现的宝象、甪端、仙鹤、香亭，宝象象征国家的安定、甪端象征吉祥、仙鹤象征长寿、香亭寓意稳固。由此可见，整个太和殿的内外都是由祥瑞的视觉符号进行包裹，这些祥瑞不仅仅作为建筑和室内空间的外在装饰，更是一种内在政治结构和权力身份象征，有着现实的功能和意义。

祥瑞或称为"瑞应"、"嘉瑞"、"福瑞"，其思想最早可以追溯到上古时代"万物有灵"的观念，而后伴随着天地祖先信仰的形成，天命观成为政治思想领域的主导部分，汉代董仲舒综合了儒家传统经典、阴阳五行、墨道明法的思想，构建了一个完整的神学逻辑体系"天人感应"，祥瑞成为宣扬君命天授、行德治政的象征。祥瑞的种类包括很多，主要有天文祥瑞，包括祥云、景云、景星、老人星，动物祥瑞包括凤凰、麒麟、蟠龙、老虎、九尾狐，植物祥瑞包括灵芝、嘉禾、连理树、连理草，自然祥瑞包括甘露、醴泉、瑞雪、河水清，器物祥瑞包括鼎、钟、玉磬、玉璧等。甚至在唐代《唐六典》中将祥瑞分为四级：大瑞、上瑞、中瑞和下瑞，景星、庆云、河出马图、洛出龟书、枯木再生等64种为大瑞，白狼、赤兔、白鹿、白狐等38种为上瑞，苍乌、朱鹰、赤雁、白鸠等32种为中瑞，嘉禾、芝草、木连理、平露、宾连等14种为下瑞。事实上不仅如此，在这之外还有更高等的"五灵"，即麒麟、凤凰、龟、龙和白虎。

在中国传统建筑环境和室内空间中，这些祥瑞视觉符号是经常被看到的，一些门窗、房梁、屋顶、家具、餐具上都多以祥瑞图案作为装饰。不仅仅是前面我们谈到故宫太和殿内部较为高等的祥瑞符号，在民间还有很多以"谐音"而联想出来的吉祥如意的视觉元素。诸如梅、兰、竹、菊，还有蝙蝠、鹿、神兽等，梅花象征坚强谦虚、兰花象征高洁纯真、竹象征清风正直、菊花象征清寒傲雪，而蝙蝠、鹿、神兽，则谐音为福、禄、寿。另外常见的还有松、鱼、喜鹊、石榴、鸳鸯、燕子、杏花，松树象征着坚忍不拔、鱼意寓着年年有余和富足、喜鹊意寓着报喜、石榴意寓着多子多孙、鸳鸯意寓着百年好合、燕子和杏花则意寓着进士及第。同时我们也会发现，在民间的建筑和室内空间中，这些祥瑞的视觉符号在使用上基本没有任何的禁忌，而最早很多象征王权的祥瑞符号在民间是很少出现的，不过在明清时期这些祥瑞符号已经被普遍使用，所表达的也是一种最为朴素的平安、健康、幸福的意愿。

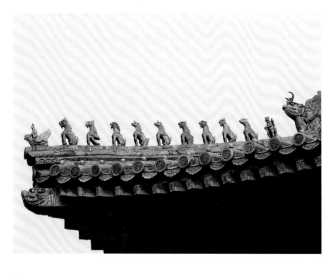

故宫太和殿屋檐上的仙人走兽

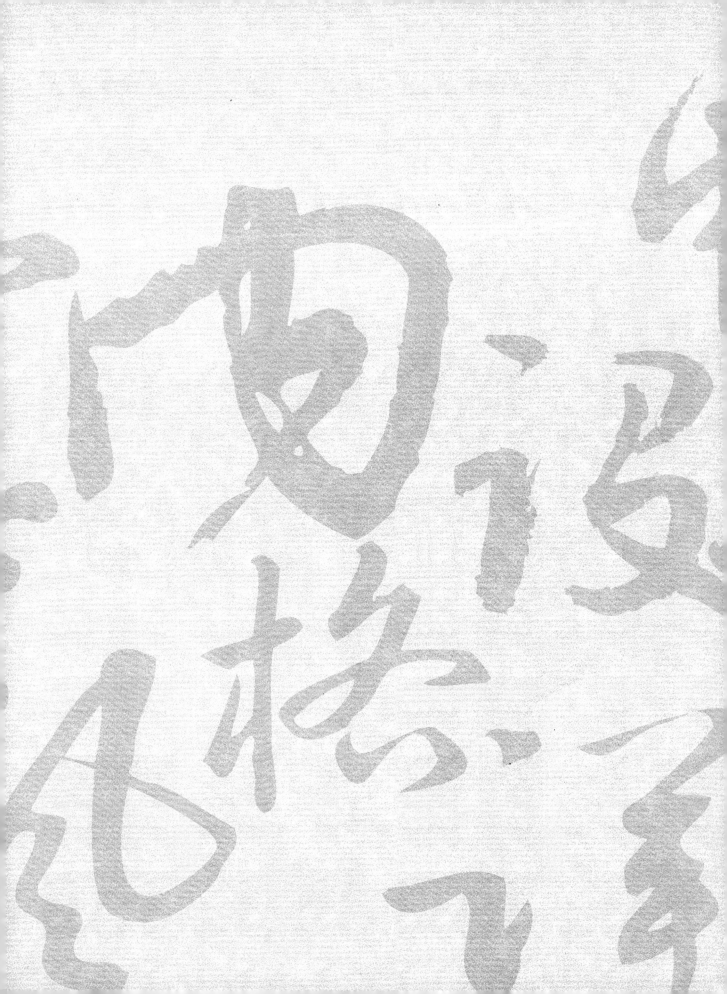

第3章
Chapter 3

以古为鉴——传统在现代的美学应用

Learning From the Ancient: the Application of
Traditions in Modern Aesthetic

餐饮会所空间
DINING SPACES

江滨茶会所
TEA HOUSE BY THE RIVER

设计公司：林开新设计有限公司	**Design Company:** Lin Kaixin Design Ltd.
主持设计师：林开新	**Chief Designer:** Lin Kaixin
参与设计师：陈晓丹	**Participant Designer:** Chen Xiaodan
摄 影 师：吴永长	**Photographer:** Wu Yongchang
项目面积：224 平方米	**Project Area:** 224 m²
主要材料：桧木、障子纸、松木、贴木皮铝合金、灰姑娘石材	**Main Materials:** cypress wood, screen paper, pine wood, wood covered aluminum alloy, cinderella stone

在江滨茶会所中，会所和江水，一者轻吟，一者重奏；一者灵动，一者厚重；一者当代，一者古老。当两者被有机结合在一起时，它们已经不再是两个相互独立的个体，而是一个丰富的整体。

"大江东去，浪淘尽，千古风流人物。"浩浩荡荡的江水，如同一部鸿篇巨制的史书，裹挟着数不尽的风云往事和千古情愁。客户在委托设计师林开新做此项目的设计时说："我想在闽江边上，公园之中，建一个私人会所，闲时与朋友喝茶聊天，累时可放松心情"，林开新脑海中浮现的是江上鸣笛的诗意场景，"笛子是一个象征，它实际上是一种空间的节奏。我希望这个茶会所的格调像笛声般优雅婉转，而且悠远绵长"。

整体设计在追求东方文化的圆满中展开——将中庸之道中的对称格局与建筑灰空间的概念巧妙结合，完美地呈现出一个自由开放、自然人文的精神空间。以一种柔软而细腻的轻声细语，与浩瀚的江水、优美的园林景观相互辉映、和谐共生，而非孤立、沉默、对抗。

江滨茶会所临江而设，客人需沿着公园小径绕过建筑外围来到主入口。整体布局于对称中表达丰富内涵。入口一边为餐厅包厢和茶室，一边为相互独立的两个饮茶区域。为了保护各个区域的隐私性，增添空间的神秘氛围，设计师设置了一系列灰空间来完成场景的转换和过渡，令室内处处皆景。首先是饮茶区中间过道的端景，地面采用亮面瓷砖，经由阳光的折射，如同一泓池水，格栅和饰物的倒影若隐若现。窄窄的过道显得深邃悠长，衍生出一种宁静超然的意境。

其次是餐厅包厢和茶室中间过道的端景。大石头装置立于碎石子铺就的地面之上，引发观者对自然生息、生命轮回问题的思考。在靠近公园走道的两个饮茶区，设计师分别设置了室外灰空间和室内灰空间。室外灰空间为一喝茶区域，除了遮阳避雨所需的屋檐之外，场所直接面向公园开放，在天气宜人、景色优美的四至十月，这里将是与大自然亲密接触的理想之地。在另一边饮茶区，设计师以退为进，采用留白的手法预留了一小部分空间，营造出界定室内外的小型景观。端景的设计不仅丰富了室内的景致，而且增添了空间的层次感和温润灵动的尺度感。

在设计语言的运用上，设计师延伸了建筑的格栅外观，运用细长的木格栅，而非实体的隔墙界定出各个功能"盒子"。即便在洗手间，观者依然可以通过格栅欣赏公园景观，时刻感受自然的气息。格栅或横或竖，或平或直，于似隔非隔间幻化无穷，扩大空间的张力。格栅之外，障子纸和石头亦是空间的亮点。在灯光的烘托下，白色障子纸的纹理图案婉约生动，别有一番自然雅致之美。石头墙的设计灵感来源于用石头垒砌而成的江边堤坝，看似大胆冒险却完美地平衡了空间的柔和气质，令空间更立体更具生命力。在这模糊了自然和人文界限，回归客户本质需求的空间中，每一个人都可以在此放飞思绪尽情想象，也可以去除杂念凝思静想。

汤泉会馆

HOT SPRING BATH HOUSE

设 计 公 司：邱春瑞设计师事务所

主持设计师：邱春瑞

摄 影 师：大斌室内摄影

项 目 面 积：540 平方米

主 要 材 料：砚石、灰麻石、黑金沙、银白龙、
伯爵米黄、防雾银镜、茶镜、仿古铜、
地毯、墙纸、木饰面地板、乳胶漆、
马赛克、亚克力、青水泥压板

Design Company: Taiwan DaE International Design Career

Chief Designer: Raynon Chiu

Photographer: Dabin Architectural Interior Photography

Project Area: 540 m^2

Main Materials: ink stone ,grey granite, black galaxy, silver white dragon, earl beige, anti-fog mirror, yellow colored glass, antique copper, rugs, wallpaper, wood decorated floor, emulsion paint, mosaic, acrylic, blue cement plate

一层平面布置图

禅是东方古老文化理论精髓之一，茶亦是中国传统文化的组成部分，品茶悟禅自古有之。设计师以禅的风韵来诠释室内设计，不求华丽，旨在体现人与自然的沟通，为现代人营造一片灵魂的栖息之地。茶馆内以素色为主调，粗糙的青石板与天然纹理的木地板厚实而流畅，仿佛划满了时间的痕迹，为整个空间带来一种大气磅礴的气势。茶馆以一种独特的姿态诠释着中式之美。

　　本案设计师糅合了现代气息与东方禅意，演绎了一个优雅的品茗空间，软装以"茶"作为引子，凝聚整体空间感，同时也向前延伸了空间体验。茶室各个空间用木格隔成半通透的空间，坐在包间内品香茗，心静则自凉。纵横结合更加脉络清晰，其复合性与包容性，赋予空间无限想象。呈现细致优雅的空间氛围及简洁宽敞的空间感。

一楼朝北方的一间茶室全部以落地木窗代替墙面。屋外的湖泊似乎成了茶室的一部分，俨然一幅广阔的立体水墨画。人们在品茶的同时可以直面窗外的湖光天色。

　　苏东坡云："宁可食无肉，不可居无竹。"竹子常被赋予潇洒、高节、虚心的文化内涵，使观赏者通过观物而引申到意境，从而塑造一个清幽宁静的空间。设计师将一楼东西两间茶室墙面打空，外墙之间种上竹子，形成一幅浑然天成的水墨竹枝图。

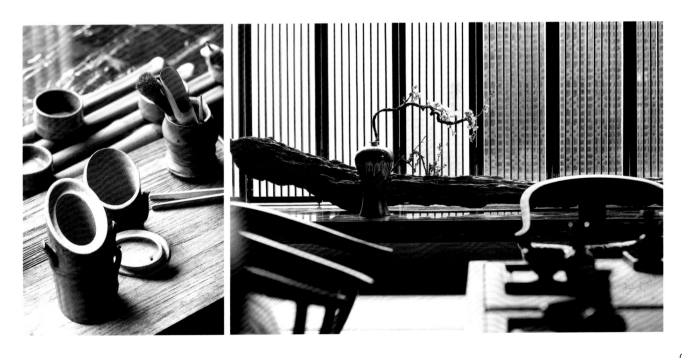

二层平面布置图

二楼展示厅设计师以"回归"、"内省"为出发点，选择宁静、朴实的人文禅风，展示厅内仅摆着一件根雕，整面六米的墙面上则用作投影展示。

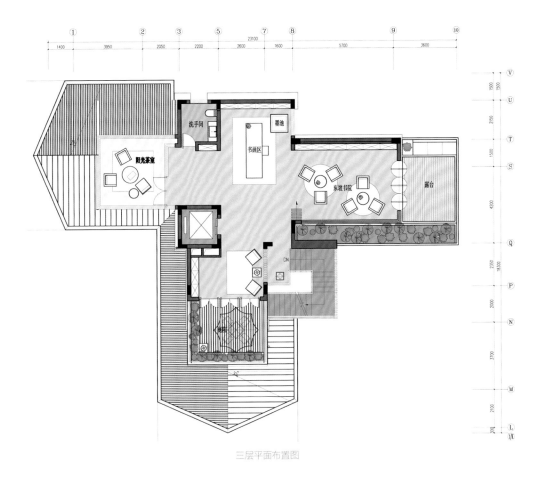

三层平面布置图

由于三楼书房设计以功能性为主，在其装修中必须考虑安静、采光充足和有利于集中注意力。为达到这些效果，在色彩、照明、饰物等方面都采取了不同的方式来营造。

尊重古建筑的原有语言，只保留事物最基本的元素。用最少的

元素（如樱桃木、榉木、藤、竹等），来表达对苏东坡的敬意。东坡有词云："人间有味是清欢。"设计师呈现的也许是苏轼当年最喜欢的情境——素墙、黛柱、青地、白顶，在这种简逸的情境之中点缀着漏窗、竹帘、卧榻、古灯、幽兰、诗词、书法、绘画等等，

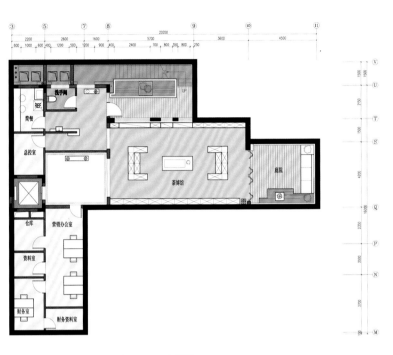

负一层平面布置图

尤其在所有装饰书画的设置上，设计师尽一切所能搜集苏轼以及和苏轼有关的传世书法、绘画作品，使用最接近原作的印刷复制方法制作，陈刊于室内及室外墙面，让近千年的东坡文化流淌在时间和空间之中。搭配上收集的东方茶瓷、器皿等，整个空间与茶道精神合而为一的同时又展现空间的全部功能和意境。

在这里，我们也许能够体会出当年以苏轼为首的文人雅士风云际会、畅意人生的画面。

设计师追求的是表面的质感和肌理，不同质感和肌理的材质对比正如不同形体的体块互相对话。为了缓和硬朗的材质，设计师在细节之处最为用心，无论是走道上看似随意摆放的佛像、枯枝，还是那些做工精良的中式家具、置于展示柜内的精美瓷器与茶具，这些细微之处的累积都让空间显得更为饱满。

茶馆整体的色调温润自然，犹如杯中琥珀色的茶汤，黄色继承了佛教的传统色彩，以突出部分空间，达到一种"禅"的意境。

臻会所

EXCELLENCE CLUB

设计公司： SCD 郑树芬设计事务所	**Design Company:** Simon Chong Design Consultants Ltd.
主持设计师： 郑树芬	**Chief Designer:** Simon Chong
参与设计师： 杜恒、许志强	**Designer:** Amy Du, Xu Zhiqiang
项目面积： 1 500 平方米	**Project Area:** 1,500 m^2

沏茶，品香，读书，观花，赏画……文人墨客的生活令人无限向往，论道，对弈，无论外面的世界是纷扰还是繁华，在这里，臻会所是一场中国文化盛宴，一方让人心境如水、留恋的净土。

臻会所是一家为喜好艺术之人而设计的私人俱乐部及餐饮休闲处，知名商业地产深国投置业在深圳中心区开发，SCD郑树芬设计事务所团队设计打造而成。臻会所位于市区繁华路段嘉信茂购物中心内，紧邻山姆会员店，交通便利，热闹非凡，设计师如何做到闹中取静，打开这扇记忆之门呈现他们的作品呢？

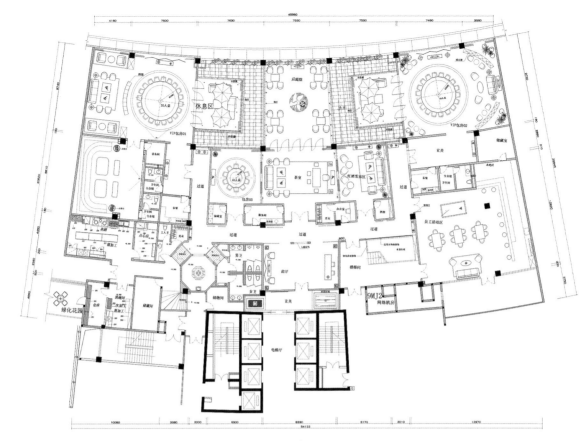

平面布置图

臻会所分为休闲洽谈、餐饮接待、园林休闲、员工休闲、娱乐等多个区域。设计师从中国传统艺术文化中提取相关元素，在会所内有舒适而有品位的空间交换创意点子，这里是一个能融入休闲、饮食、娱乐、交流等联结艺术人文的绝佳场所，无论你是艺术大师或新人，都能在这里为这个城市激荡出新文化元素。

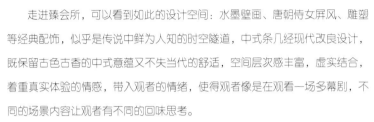

　　走进臻会所，可以看到如此的设计空间：水墨壁画、唐朝侍女屏风、雕塑等经典配饰，似乎是传说中鲜为人知的时空隧道，中式条几经现代改良设计，既保留古色古香的中式意蕴又不失当代的舒适，空间层次感丰富，虚实结合，着重真实体验的情感，带入观者的情绪，使得观者像是在观看一场多幕剧，不同的场景内容让观者有不同的回味思考。

八角亭的设计，山一程水一程的韵动之美是一种由内而外延伸的氛围，一种躲不过的气味，无声胜有声。在这里，自然之美竟然也像一种矛盾，在山水刚柔不同形态里，寻找平衡的两种境界。

在缺失人情味和丧失自然感的都市里，我们需要一点原始、天然和温馨、温润低调的木饰面，少些生硬冰冷，多几分自然舒适。当每天被淡淡的木质幽香萦绕时，生活如此的简单、美好。

春秋茶楼之五间房

SPRING AND AUTUMN TEAHOUSE OF FIVE ROOMS

设 计 公 司：大石代设计咨询有限公司

主持设计师：李景哲

参与设计师：戴其业、张迎辉

摄 影 师：邢振涛

项 目 面 积：780 平方米

主 要 材 料：黑木纹、波斯灰、竹木地板，水曲柳饰面，镂空花格，壁布硬包，线描壁画，木板烙画等

Design Company: DSD Design Consultant Ltd.

Chief Designer: Li Jingzhe

Participant Designers: Dai Qiye, Zhang Yinghui

Photographer: Xing Zhentao

Project Area: 780 m²

Main Materials: black wood pattern, gray marble, bamboo wood floor, fraxinus mandshurica decorative surface, hollow-out lattice, wallcovering cloths, hard wall cover, wall painting, board pyrography etc.

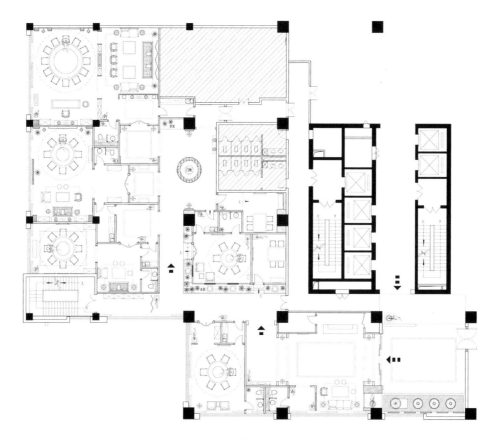

平面布置图

春秋茶楼之五间房是原春秋茶楼经过积淀后的升华。会所保留了茶楼"三进院"的设计理念，采用"登堂入室"的平面布局方式，层层递进，一步一景。空间中，运用借景的手法，从客人来时的欢迎，到把客人请为上宾，再到就餐、品茶时的周到服务，再到用餐后的欢送，无处不在的体现以人为本的理念。

客人不同，身份不同。

五个房间，五个情怀。

"和善"——"雍容之气"。

深栗色的家具，故宫藏画《游春图》，绢绘《富春山居图》屏风，古朴中透着沉稳与雍容。空间中散发着厚重而浓郁的普洱茶香，让人忍不住想泼墨挥笔。

"书韵"——"书香之气"。

原木色餐椅、玉佩挂饰、麻质布艺、手绘线描天花，点缀着浅蓝色餐具、青瓷秀墩，仿佛温文尔雅的文人墨客在此作过诗，品过茶……

"归真"——"浩然之气"。

白色的明式餐椅，大幅的水墨荷花，水景池上吊挂的荷花灯。灯光隐约透过夹绢玻璃墙，犹如白茶般的气质，清秀中有正气。

"雅心""致知"——"儒雅之风""田园之风"。

清新自然，轻松舒心。

茶溶于会所之中，"水"贯穿整个空间。在嘈杂的闹市中，隐有一方修身养性之所。不同的文化与内涵体现了会所主人的品位与待客之道。

屏南商会会所

PIN NAN BUSINESS CONFERENCE HOUSE

主持设计师： 施传峰、许娜

摄 影 师： 周跃东

撰　　文： 李芳洲

项目面积： 336 平方米

主要材料： GLLO 卫浴、威登堡陶瓷、纳百利石塑地板、YOUFENG 灯具、欧力德感应门、TCL 开关、好家居软膜、樱花五金、精艺玻璃

Chief Designer: Shi Chuanfeng, Xu Na

Photographer: Zhou Yuedong

Writer：Li Fangzhou

Project Area: 336 m²

Main Materials: GLLO Bath, Wittenberg Ceramics, Neodalle Flooring, YOUFENG Lighting, Oulide Sensor Door, TCL switch, Haojiaju Furnishing Piamater, Yinghua Hardware, Jingyi Glass

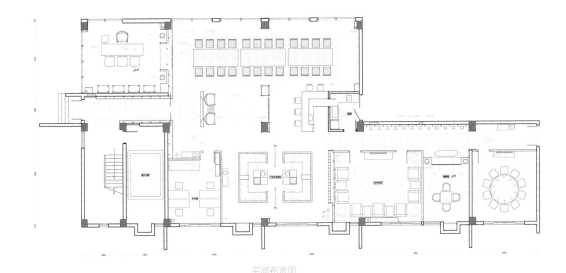

平面布置图

屏南商会会所空间面积 300 余平方米，前身为办公室空间，在预算十分有限的条件下，设计师尽心寻找合适的材料，力求在低成本前提下达到完美的空间效果。空间整体呈长方形格局，从入口进入内部是一个逐步递进的过程。进入会所前需要穿过一个回廊，回廊的地面以汀步的形式铺设，白色的细碎鹅卵石配上黑色大理石汀步，流淌着自然的气息。墙面和天花以方钢拼排而成，这样的栅栏装饰形成了一个半包围空间，方钢被粉刷成黑色，与地面搭配，埋设在地面的射灯从下向上照射，形成迷人的光影效果。站在回廊里像是穿过一个隧道，在尽头一块中部镂空的石壁屏风挡住了大部分的室内风景，但从中部的月洞往里看就足够引起人们的好奇心了。这样的设计不仅与古时照壁有着异曲同工之处，同时又使用到园林的造景技艺。

作为福州市屏南商会使用的私人会所，设计师选用汇聚东方灵气和西方技巧的新东方风格为空间的整体格调，并融入屏南的风情文化，打造了一个雅致的气质空间。这个空间简约而素净，没有一丝杂乱和多余的装饰，那些饱含禅意的东方气韵让人心生共鸣。

　　右侧空间为下沉式茶座区域，下沉式的落座方式别具一格。紧邻茶座的装饰墙也创意十足，整个墙面用等量切割后的 PVC 管整齐排列而成。背后辅以软膜，将灯管藏匿其后，让光线透过软膜散发出来，形成有趣的光影效果。空间内的吊顶看似立体实为平面，吊顶的边框用黑色颜料描绘出效果。室内的光线除了装饰性的吊灯外，最主要的则是单点射灯的照明，可控的点射光线对于空间氛围的营造起到至关重要的作用。

绕过照壁，会所空间正式展现在眼前。空间以中轴为线分割为左右两个区域，中线用屏风装饰。左侧空间以一张10米的长桌为主体，大体量的黑色木桌加上摆放整齐的高背椅，带来不小的震撼感。地面用青砖大面积铺设，在桌椅摆放区域选用米黄色的瓷砖拼出简单的花纹代替了地毯。顺着桌子望去，尽头的墙面上细细描绘着水墨丹青，洗尽铅华的美感不沾染一丝俗世的嘈杂。

空间后部的回廊延续前部汀步的基调，门洞用PVC管切割组合成钱币样式。回廊摆放上石首、石柱作为装饰，墙面以工笔画的方式描绘着屏南著名的万安桥，让屏南的文化气息融入空间之中。整个会所空间色彩简约纯净，视觉比例恰到好处，空间的动线流畅且层次丰富，写意般的空间氛围让置身其中的人们由心感到放松。

品质会所
SENSE HOUSE

设计公司: 森境室内装修设计工程有限公司

软装设计: 王俊宏、江柏明、黎荣亮

艺 术 家: 孙文涛

花 艺 师: 蓝介泽

摄 影 师: 游宏祥

项目面积: 496 平方米

空间格局: 品茗室、雪茄房、多功能会议区、
大包厢、小包厢、铁板烧厅

Design Company: W.C.H Great Art &Interior Design Office

Designers: Wang Junhong, Jiang Boming, Li Rongliang

Artist: Sun Wentao

Florist: Lan Jieze

Photographer: You Hongxiang

Project Area: 496 m²

Space Layout: tea room, cigar room, multi-functional meeting room, large private room, small private room, barbecue room

本案通过软装布置，改变空间风格，彻底改变了空间质感。

艺术家孙文涛、花艺师蓝介泽与本案的合作默契十足，将原本平凡无奇的精装屋，化身为带有内敛人文色彩，高质感的质量会所，让屋主以极上的品位迎宾，不论设宴畅饮，还是三五知交相聚品茗、论茶，皆能达到宾主尽欢的目的。

本案空间铺陈的基调在于东西文化的融合，透过利落的线条，传递现代设计语汇。而无处不在的板块、杆栏与框架，则让人感受到国学底蕴的文化传承。从传统中创新的中式家具品牌（春在）和以中式为灵魂西方形式表现的沙发（锐驰），为空间带来画龙点睛之效。

为尚未感知生活温度的空间注入活水的，是艺术家孙文涛现场挥洒，如枯山水的壁面装饰，以及花艺家蓝介泽结合东方池坊流与西洋花艺精髓的花艺。

居住空间
RESIDENTIAL SPACES

于舍
TRANQUIL HOUSE

设 计 公 司：合肥许建国建筑室内装饰设计有限公司

主持设计师：许建国

参与设计师：刘丹、陈涛

项 目 面 积：425 平方米

主 要 材 料：原木、石材、小白砖、水曲柳木饰面

Design Company: Hefei Xu Jianguo Architectural Interior Decoration Design Limited

Chief Designer: Xu Jianguo

Participant Designers: Liu Dan, Chen Tao

Project Area: 425 m^2

Main Materials: logs, stone, cultured stone, fraxinus mandshurica wood decorative surface

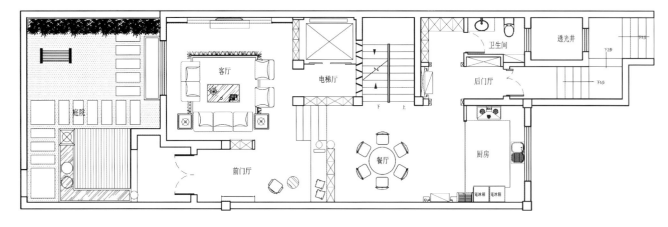

一层平面布置图

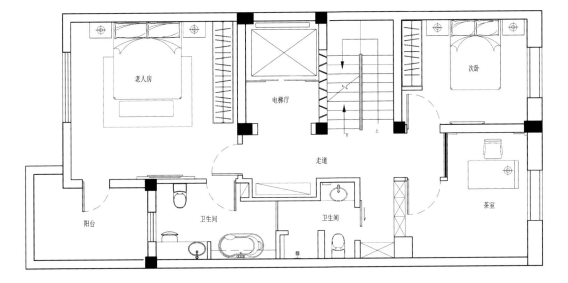

二层平面布置图

三层平面布置图

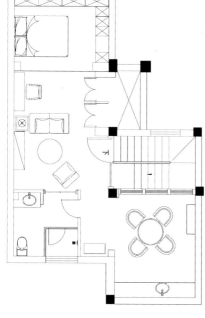

阁楼平面布置图

本案以"返璞归真"为主题，一路慢行，走进舒坦平和的家居空间，充满人文情怀和朴素诗意。

海子说：我有一所房子，面朝大海，春暖花开。

当下的生活已在不经意之间被我们复杂化了，多余而繁复的设计常常会掩盖生活本身的需要，凸显人精神上的虚无。所以，对于真正理解生活本质的现代人来说，更倡导内心与外物合一的"返璞归真"美学主张。

　　本案设计师从地域环境、人物性格、东方之美出发，通过精细的考量和规划，采用大量的最有温度、最有感情的木质元素和天然材质，对门和窗的精心设计都力图打造出一个充满自然气息和人情味的空间。考虑到业主家人既有老人又有小孩，所以在空间划分上也精雕细琢，一层公共空间倡导人文情怀，二层是老人房及客房，注重功能的便捷，三层是主人房空间，注重一体化，四楼女儿房则考虑到业主女儿的留学经历，融合法式风格，中西风格完美契合。

原木、原石、一切原生态的材料，随光线变化而变化的肌理，柔和且富有生命力，兼具东方之神韵，纯真、宁静、自然。本案以纯净木色为主色调，突出清雅惬意的格调和错落有致的格局层次，充分体现人与自然的和谐对话并表现悠闲、舒畅、自然的生活情趣。

现代与原始冲突对立，又如此融合，电梯口的按键设计，采用原木柱，使之突出表现对自然魂的追随和灵性的阐述。

设计师直取本质，表达朴素之美，从表面的艺术形式中超脱出来，品味幽玄之美，从而远离都市喧嚣，让生活回归质朴、舒适和宁静。

净·舍

CLEAN AND CLEAR

设 计 团 队：CEX 鸿文空间设计有限公司

主持设计师：郑展鸿、刘小文

参与设计师：李建强、严宏、郑志强

项 目 面 积：145 平方米

摄 影 师：杨耿亮

Design Company: CEX Hongwen Space Design Limited

Chief Designer: Zhen Zhanhong, Liu Xiaowen

Participant Designers: Li Jianqiang, Yan Hong, Zhen Zhiqiang

Project Area: 145 m^2

Photographer: Yang Gengliang

本案围绕东方主题，以简洁明快的设计风格为主调，并尽可能把空间时尚化、精致化，符合现代年轻人的审美。经过全面考虑，设计师在总体布局上尽量满足业主生活的需求，主要装修材料以水曲柳板，黑太钢为主。以水曲柳的自然纹理、配黑钛钢的时尚刚硬，尽可能在中式典雅和现代简约中找一个契合点，横平竖直的黑色线条，加上恰到好处的空间留白，让空间别有韵味。

房子的格调是主人品位的象征，也是心灵的港湾，所以在整个空间处理上，都尽可能地迎合业主自身的气质，干净、爽直。电视背景墙采用简练的线条把空间分割出来，层次分明的光影和恰到好处的收框处理，一个瓷坛、一根枯枝、一个比例分明的电视柜，组成一幅独具一格的中式画作。

本案没有过多的渲染，用简单的手法和材质，加上适度的绿植点缀，呈现出一个独特宜居的禅意空间。

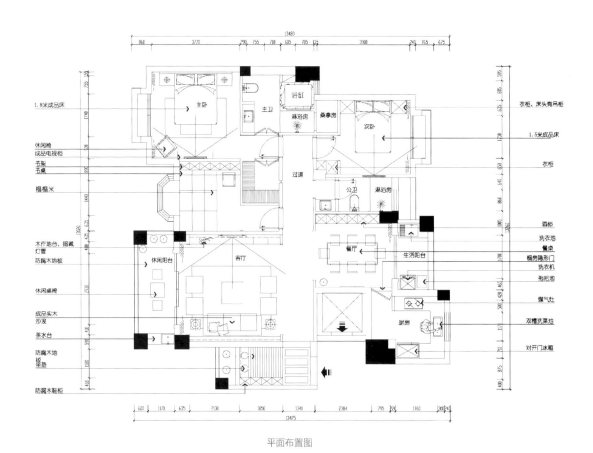

平面布置图

静 · 悟

WHISPERING SILENCE

设计公司： CEX 鸿文空间设计有限公司

设 计 师： 郑展鸿、刘小文

面　积： 300 平方米

摄 影 师： 杨耿亮

主要材料： 黑檀饰面板、银貂大理石、原木头、
文化石、麻纱

Design Company: CEX Hongwen Space Design Limited

Chief Designer: Zhen Zhanhong, Liu Xiaowen

Project Area: 300 m²

Main Materials: ebony veneer, silver sable marble, logs, cultured stone, linen

　　飞快的节奏，匆忙的脚步，让我们很难停下来体悟生命之本源。于是，烦躁、争斗、世故慢慢地侵蚀了我们原本淳静的心。于是我们总是希望能有一个纯净的空间，可以让自己沉淀下来，感悟和体验生活。

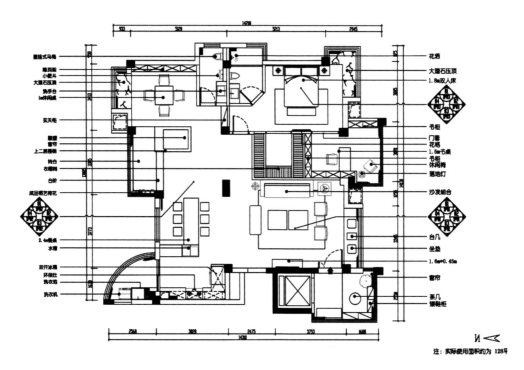

一层平面布置图

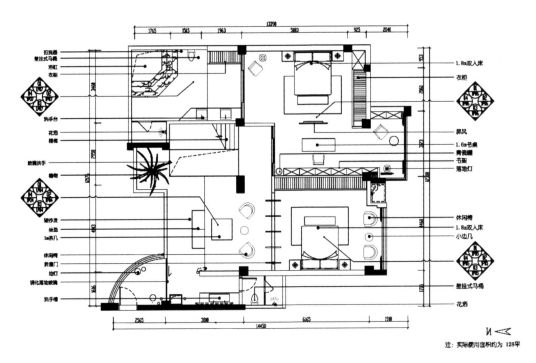

壁挂器
壁挂式马桶
烟缸
衣柜

洗手台
花洒
楼梯

玻璃扶手
植物

懒沙发
坐垫
1m茶几

休闲椅
折叠门
地灯
调化落地玻璃
洗手盆柜

1.8m双人床
衣柜

屏风
1.6m书桌
青瓷鼓
书架
落地灯

休闲椅
1.8m双人床
小边几

壁挂式马桶

花洒

注：实际使用面积约为 128平

二层平面布置图

静是一种感受，独处静室，品一杯香茗，点一株檀香，任思绪随着袅袅轻烟飘飞；静是一种悟，从苏轼的"莫听穿林打叶声，何妨吟啸且徐行"里体会到的从容，令人钦佩；静是一美，怒云狂风，终为雨露，归于静美。

　　本案在空间布局上大开大合,整个动线明朗有序,采用一步一景,步移景生的表达手法来塑造空间,达到一种引人入胜,渐入佳境的效果。设计师在和业主做深入交流后,避开常规中式的明清花格、家具,更多地采用唐宋盛行的简约风。在细节的处理上尽可能地简化过多的修饰,用干净的面与线来诠释,空间干净利索,方方正正。

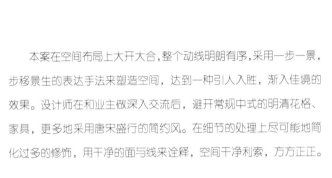

一楼客厅、餐厅、棋牌室、楼梯间全部采用开放式设计，只用门套和线条的形式做了简单的分隔，让所有空间的动线若隐若现。二楼起居室延续了一楼开敞的格局，利用原有户型的有利条件，用玻璃做顶再加一层电动窗帘，最大限度地将光线引入室内。卧室采用推拉门设计，这样当所有的门扇打开，空间还是互通的。

二楼主卧是一个斜屋顶的空间，为了避免睡在床上产生压抑感，选用了架子床，在架子床所框住的空间里面，人们会忽略原有空间所带来的压抑感。主卧卫生间是一个完全采光的区域，可以想象，当全部的电动窗帘打开，在阳光下沐浴，是一件多么惬意的事情！主卧与卫生间的

隔断也采用了推拉门，同时设计师在此处采用了一个巧妙的处理手法，把主卧门边上的一个小区域做成两面开的柜子，这样主卧和主卫可以两边共用，且不影响封闭性，设计师还把一个小冰箱放进了主卫的衣柜里，可以放一些水或者是水果、红酒，让生活更有情调。

本案在材质上，多用一些质朴的东西，如毛石、原木、青石板，借助天然的采光和层次分明的灯光设计把空间感拉开。在配饰上，用小绿植、书、金钵、古缸、梅花、小吊灯及郑板桥的《竹石图》把空间的韵味展现得淋漓尽致。

正祥香榭芭蕾样板房
INTOXICATING SAMPLE HOUSE

设 计 公 司: 林开新设计有限公司

主持设计师: 林开新

参与设计师: 余花

项 目 面 积: 90 平方米

摄 影 师: 朱林海

主 要 材 料: 大理石、实木、艺术涂料

Design Company: Lin Kaixin Design Limited

Chief Designer: Lin Kaixin

Participant Designer: Yu Hua

Project Area: 90 m^2

Photographer: Zhu Linhai

Main Materials: marble, hardwood, art paint

平面布置图

空间，不仅仅只局限于空间中具象的物，更注重贯穿其中的美学气质和文化底蕴。就本案设计而言，其开合有序的空间，厚实而质朴的氛围，使东方的淳朴底蕴与西方的简洁利落有了美好的交汇，激荡出更有意境的生活愿景。当镜头随着功能需求而起伏推移，动静之间，每个片段都在与宇宙对话。色彩、材质、形状、架构等，每一个生活仰角，在当下都真实存在并赋予了感官特有的记忆。本案设计师林开新正是看准了当下流行的悠活时尚，用最温暖的材料，创造出了一片独具风情的天地，不论你在哪个角度，都有完美的视角伸展。

本案设计将度假与文化植入空间意境，传承八闽文脉的同时，赋予空间简洁明快的现代感，使其在丰富的轮廓下，保持视觉的连续性和内在气质的统一感，体现深藏国人心中的最高生活境界：远离城市喧嚣，偷得浮生半日闲。

本案的空间场所坐落于福州旗山脚下，既远离市区，又与市区有着千丝万缕的联系。它独特的亚市区地理位置、旅游胜地背景以及偏年轻化的市场需求特点，决定了它的空间主题特色和创意焦点。

设计师通过空间分割形式和家具尺寸的合理安排，营造更为宽敞开阔的空间效果。同时在设计形态上也倾向夸张化、艺术化，来营造迷人的氛围。

空间内部，木色几乎占据了大部分的色调，多元化的材质以创意的手法出现在高低错落的体量上，透过完全的元素拆解、重组，构筑另一层唯美永恒的生活意象。木质天花、墙面将整个空间包覆，区隔了都市的纷扰。地毯和抱枕上的木纹与水纹图案，似是提炼旗山自然景观的妙趣，让度假的氛围在空间中静静沉淀。设计师还利用随意摆放的座椅和艺术品来点缀空间，以增加空间的活力和休闲感。纵横交错的天花上悬挂着简单的灯饰，星星点点，不规则地跳跃着，十分浪漫。灵活的隔断形成斑驳的光影，让客人沉浸在故事中的陶然时光。

山园小梅
GARDEN OF PLUM BLOSSOM

设 计 公 司： SCD 郑树芬设计事务所

主持设计师： 郑树芬

参与设计师： 杜恒、黄永京

撰　　文： 张显梅

项 目 面 积： 500 平方米

Design Company: Simon Chong Design Consultants Ltd.

Chief Designer: Simon Chong

Participant Designers: Amy Du, Jimmy Huang

Writer: Emma Zhang

Project Area: 500 m²

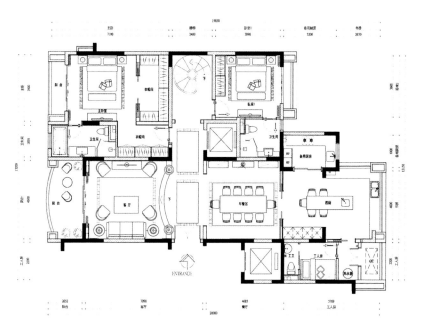

一层平面布置图

走进这个项目不知不觉让人想起了北宋词人林逋的代表作《山园小梅》，设计师在项目中营造的氛围恰如词人所表达的清静淡泊的生活境界。词人想表达以梅喻人的品格，这个"人"，不是追求物质享受的俗人，而是品格高尚的风雅之士。而本案正是脱离传统的文人墨客的方式，通过中西结合的方式巧妙地表现一种特别的中式味道，以达到设计师想要表现的真正风雅之士的情怀。

　　本案面积 500 平方米左右，是郑树芬先生"雅奢主张"设计案例中较为特别的一套，以中式为基调，欧式元素为点缀，将经典的设计手法与现代审美完美地结合起来，注入浓厚的生活情感色彩。

项目为三层复式，一层、负一层为主要功能区，负二层为车库与杂物区。其中一层分为客厅、早餐区、西厨、主卧及儿童房；负一层分为客厅、宴会厅、偏厅、书房及客卧等。一层中式风格的客厅有着不一样的内涵底蕴，红色、金色元素的点缀体现了主人的高贵与热情，陈设以明清时期的仿古家具为主，混搭美式经典 BAKER 品牌的家私，挂画更是打破传统以欧式建筑图来表现，将中西味道演绎得活灵活现。在元素方面，仍以古朴为主线，除了软体家私，设计师以两个做旧的复古凳增加原有的韵味，沙发一侧的不对称的绿植打破了中国传统的"四平八稳"，这样一步一景的手法提升了传统现代中式原有的味道。

在色彩方面，家具面料以金色、红梅为亮点，餐具以金色为主，象征了主人的尊贵与权威。绿植及花的引入并非设计师空穴来风，而是将"自然"引入室内。西餐厅比中餐厅显得简约一些，因为这里代表着更随性的心情。主卧是一个很私密空间，更是一个舒适的空间，古朴的家具，古式的五金件，耐人寻味。床尾榻上放了一枝玉兰花，细节再次将氛围体现到了极致。

犹如一首古诗的表达顺序，先看到表象，然后再回归内心。通过一层的炽烈与高贵，负一层回归了清雅与娴静。舒适的简美沙发搭配用原木色做旧的中式古典家具和藤编装饰的边几。整个空间以蓝绿色为主，玄关位摆放了两个青花龙纹装饰古董罐，沙发后面摆放了钢外框和布艺刺绣组成的屏风，屏风上的图案一直延伸到沙发上，与沙发上的两个蓝色抱枕相呼应。蓝绿色的台灯，翠绿色的吊灯配上绿植，让整个空间更加灵动。宴会厅是这个项目的点睛之笔，墙面上的立体梅花由设计师一枚一枚地拼接而成，另一侧的铁艺饰品则为空间增添了清雅的气氛。

休闲及品茶区延续清雅的风格，原木做旧的罗汉榻为了凸显原木的自然质感，没有铺设坐垫，几面上放着书卷和茶具，喝茶论道气氛更显质朴。书房以收藏茶具及古董为主，桌上的棋盘、香炉、老物件儿（两个古董青花龙鱼摆件）都衬托出了主人超凡脱俗的气质。

在这里，中国元素已经不再是孤立的，而是成为世界的一部分，是一种全新的生活方式的真实体现，创新并不是要完全放弃，而是用全新的生活方式去重新演绎。色彩是生活中很重要的一部分，在住宅中，吉祥美好的装饰能化解疲惫，空间被赋予了浓厚的色彩，改变了中式风格在大多数人心目中一向单调的样子。

沏茶，品香，读书，观花，赏画……一个好的项目就像一本好书，需要慢慢品味。

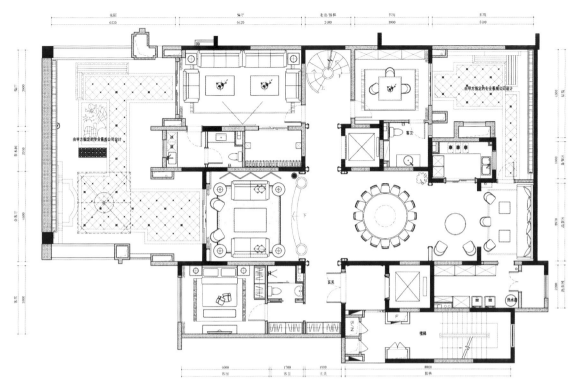

负一层平面布置图

玉宇隐居

IMMERSED IN THE INTOXICATING TIME

设计公司：森境室内装修设计工程有限公司

设 计 师：王俊宏、江柏明、黎荣亮

花 艺 师：孙文涛

项目面积：150 平方米

摄 影 师：游宏祥

Design Company: W.C.H Great Art &Interior Design

Designers: Wang Junhong, Jiang Boming, Li Rongliang

Florist: Xun Wentao

Project Area: 150 m²

Photographer: You Hongxiang

　　软装布置对空间影响甚巨，此案通过与艺术家孙文涛、花艺老师蓝介泽及森境和王俊宏设计团队的软装规划布置，展现了白居易诗作《中隐》描述的意境。

　　白居易《中隐》："大隐住朝市，小隐入丘樊。丘樊太冷落，朝市太嚣喧。不如作中隐，隐在留司官。似出复似处，非忙亦非闲。唯此中隐士，致身吉且安。"

　　汉白玉之精雕，衬托奇岩峥嵘之艺，入室却见木质之纯粹，禅意茶席铺陈一方。

　　人生几何，得遇一知交，洗净尘嚣喧嚷，迎接一室馨香与静谧。

　　当登高远眺，坐看熙攘人间，不住朝市，不入丘樊，只作中隐士，致身吉且安。

　　本案将"形"的哲学，实践于空间美感中。苏东坡说"随物赋形"，在每一个不同的空间中，设计师依照当下的条件，造境定界，穷究空间之美形，在各方人马携手合作下，铺陈出融合古、今、新、旧并陈的艺术美形空间，让会所传达优雅的人文气息，进而享受宾至如归的温馨与雅致。

书香致远 屋华天然

HOUSE OF SCENT OF BOOKS AND NATURE

设计公司：宽北设计机构

设计师：郑杨辉

面　积：360 平方米

主要材料：实木地板、灰色玻化砖、蒙托漆、水曲柳实木饰面

Design Company: Kuanbei Design Association

Designers: Zhen Yanghui

Project Area: 360 m^2

Main Materials: Hardwood Floor, Gray Vitrified tile, Monto Paint, Fraxinus mandshurica wood decorative surface

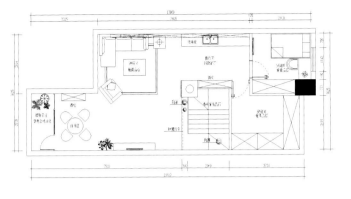

地下室平面布置图

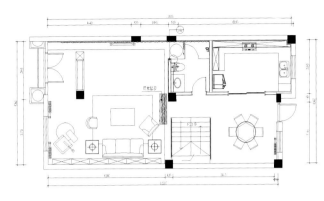

一层平面布置图

二层平面布置图

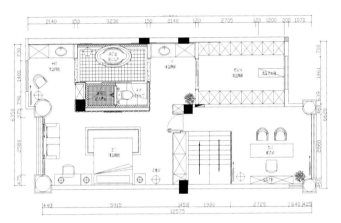

三层平面布置图

人们常说："知书达礼"。人的气质需要书的滋养，同样的道理，家的装修不在于"看得见"的奢华，而在于能否锻造出空间的内涵和气韵，正所谓"最是书香能致远，'屋'有诗书气自华。"当人、书、空间三者之间建立起一种紧密的联系，空间就不再是一个纯粹的物质存在，"书"也超脱了"装饰物"的范畴，变成了空间的灵魂和支点。设计师要打造一个富有"书香气"的家居空间，让这个家的美不再限于表面，而是符合主人对精神文化的更深层次的追求。

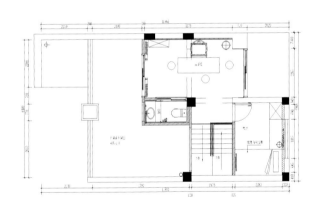

四层平面布置图

本案设计师将对传统文化的理解吸收到现代设计当中。通过对传统文化的再创造，把根植于中国传统文化的书籍、书法、梅花、文竹等古典艺术元素和现代设计语言完美结合，营造一种高雅悠远的氛围。这些元素本身具有的文化性、装饰性也给空间场所带来了更高层次的意境，使室内装饰既具有时代感，又能散发出历史传统气息，既富有情调，又不失意蕴和内涵。

客厅的设计以"书"为元素，地板通过光面与亚光面瓷砖的结合来形成一种独特的视觉效果，设计师特意将其切割成大小不同的"书脊"形状，与墙面形成一体式的造型，而且与"书盒"外观的厨卫连体空间形成呼应，给人浑然一体的构图美感。书架也是采用异形拼贴手法，富有动态感。餐厅的吊顶被设计师有意"拔高"，使空间更通透，古朴谐趣的壁画默默倾诉着"家和"、"有余"的中华情结。餐厅旁边的玻璃推拉门既可以隔离油烟，又放大了空间的视野。另外，设计师还从传统水墨画艺术中汲取灵感，对客餐厅空间进行虚实结合、张弛有度且富有层次感地分隔，通过其独特的艺术形象和文化性，将更多的信息附加于空间界面之上。

灯光的设计也是本案的一大特色。客厅、餐厅、卧室、会客室等大部分功能区域的吊顶所用的灯具全部采用隐形灯与射灯相结合的形式，使空间更显简洁、素净、内敛。卧室采用不同色阶的黑白灰，调和出一个极简的时尚空间，大面积的实木铺陈，给人舒适温馨的审美体验。

地下室的设计简明通透，并通过天窗的运用，引入花园的自然光，同时搭配玻璃、陶艺、麻布、草编等材质，营造出一种纯净如水的空间意象。

空间适度留白能成就美的篇章，而在适合处填空，也能为空间提升价值。本案设计师在适当的角落利用陶瓷艺术品、绿植给空间"填空"，充分发挥这些景观小品的形态美，打造空灵雅致的环境，让人置身室内也能享受户外庭院的美景和悠闲的氛围。

天津红磡领世郡普林花园
JOYFUL GARDEN HOUSE

设计公司：风合睦晨空间设计

设 计 师：陈贻、张睦晨

项目面积：650 平方米

摄 影 师：周之毅

主要材料：灰木纹、保加利亚灰、白木纹、丰镇黑、实木地板、壁纸、黄花冰玉、木饰面、马赛克

Design Company: Fenghe Muchen Space Design

Designers: Chen Yi, Zhang Muhe

Project Area: 650 m²

Photographer: Zhou Zhiyi

Main Materials: gray wood pattern, Bulgaria gray marble, white wood pattern, Fengzhen Granite, hardwood floor, yellow ice jade, wood decorative surface, mosaic

禅之意境、空之精髓。

温润含蓄、清雅幽远的新中式风格是在当前纷繁喧闹的大时代背景下对中国传统文化意境充分理解后，进行的类似精神回归式的现代设计。在造型上，以简单的直线条表现中式的古朴大方；在色彩上，采用柔和的中性色调，给人优雅温馨、自然脱俗的感受。将传统风韵与现代舒适感完美融合，将现代元素和传统文化自然融合在一起，以现代人的审美需求来打造富有传统韵味的室内空间，让中国文化底蕴在当今社会得到合适且充分的体现。中式意境的营造不但需要环境空间的烘托，更需要精神文化的濡染。

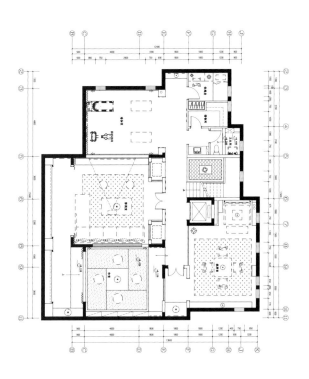

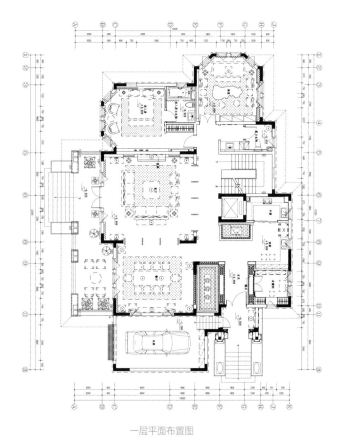

负一层平面布置图　　　　　　　　　　　　　　　一层平面布置图

Learning from the Ancient: the Application of Traditions in Modern Aesthetic

the Application of Traditions in Modern Aesthetic

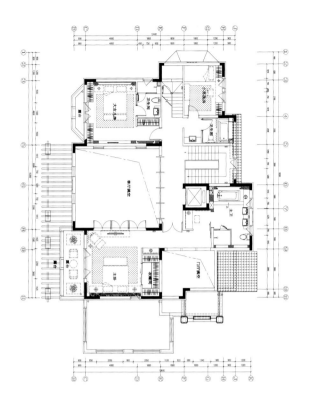

二层平面布置图

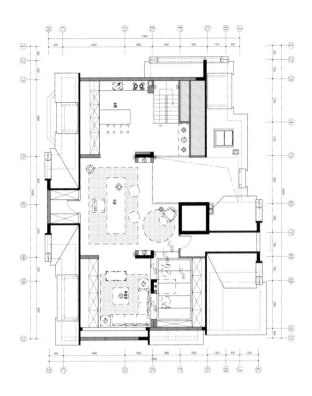

阁楼平面布置图

二层平面布置图

阁楼平面布置图

中央美术学院国画专业毕业的跨界设计师陈贻和张睦晨凭着对中式文化的独到理解，在此空间中更多推崇的是文化精神，集含蓄和空灵为一体的禅意境界。

禅——静虑、定心，虚灵宁静，质朴无暇，回归本真，是一种境界和生活态度；境——有形和无形之间，隐约中的含蓄意境，正是东方精神气质的自然流露。

空间中通过使用当代的造型语言方式去寻求中国传统文化脉络的根源和延续，文化精神的延续和气质空间的呈现是此次设计最本质的诉求点。设计师在接受采访时说"意境就是画外弦音，它弥散在空间的每一个角落和空间体验者的感官意念里，虚境的营造才是最重要的。因此空间的每一处造型、比例、光线、质地以及色彩关系都是为了配合虚境的营造，虚与实之间的微妙关系需要严格把控。关系有了，意蕴就有了；意蕴有了，意境就有了；意境有了，空间就有了。"设计师运用"虚境的营造"这种极致的设计手法，将其对"禅"的所有理解凝聚于此并发散至整个空间。

该空间中运用了大量的中国传统的木质构成的可移动隔屏，其形式内敛恬静，源自设计师对于传统纹样的理解和剖析，隔屏纹样几乎成为整个空间内唯一的传统视觉构成元素。隔屏的运用体现中国文化中虚实相生景物相透的造景理论。虚境通过实境来实现，实境又在虚境的统摄下来渲染，虚实相生成为该设计独特的结构话语方式；而整个空间布局和氛围营造则呈现出东方生活美学中心灵梦乡的格局。四个楼层之间通过互透形成你中有我我中有你，极力做到既能开敞通透便于互动又可欲言又止随即遮蔽。无论步至何处皆

令人流连，但人间绝色却隐约在别处。置石、静水小景以及大面积的计白当黑好似以传统山水画为底色，调弄出氤氲山水之气。

设计师让人体会到了传统文化中意欲传达的那些虚像和空灵的境界，让空间具有了深刻的人文精神，同时也通过将现代造型方式与传统中式意象语言相结合，尽力营造出中式空灵与原始的淡泊气息——禅之意境。

办公空间
OFFICE SPACES

盒子里外
HONGWEN OFFICE

设计公司：CEX 鸿文空间设计有限公司

设 计 师：郑展鸿、刘小文

项目面积：300 平方米

摄 影 师：刘腾辉

主要材料：水泥地板、水泥板、钢槽踢脚线、旧木头、
西顿灯光

Design Company: CEX Hongwen Space Design Limited

Designers: Zhen Zhanhong, Liu Xiaowen

Project Area: 300 m²

Photographer: Liu Tenghui

Main Materials: cement floor, cement board, steel tank baseboard, old wood, CD Lighting

　　设计师希望打造一个能开拓设计思维的场所。入户的莲花拉手（取打开另一个世界大门之意）；等待区一枯一荣（佛寂的时候东南西北各出现两棵树，一枯一荣，寓意所有不重设计的观念都会在这里消失）；镂空的佛形影壁穿过谈洽区，寓指佛在心中（也是指设计的精神在心中）；经历过修炼、感悟再转由重生（转到入户的太子佛），整个办公室从入门经过等待区，进入设计部谈洽区再转到入户端景，刚好经历一个圈（寓指一个轮回）。设计师也希望可以借着这个隐喻能让业主的设计理念也像这个空间一样，打开心灵对美的追求，把之前不对的设计理念丢掉，经过整个设计团队的打造，让一个新的作品涅槃重生。

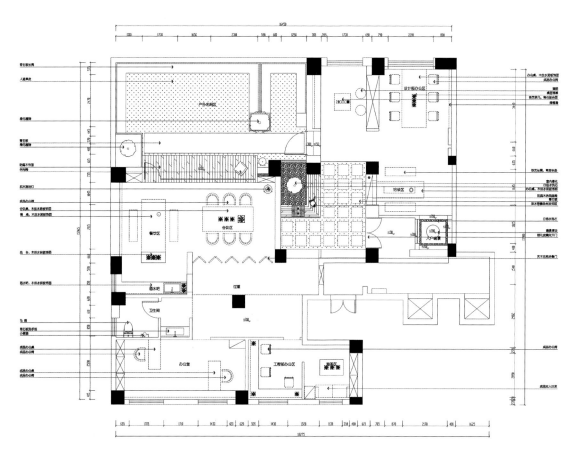

平面布置图

设计办公室有时候就像在打造一个盒子，设计的宗旨是希望不管是在里面工作的设计人员，还是委托设计的业主，每一个人走进这空间，就像穿梭一个窄盒子，从尘世到超然世外。在光影交错且朴实自然的空间里让人忘掉时光，真正地静下心来思考。

本案没有过多华丽的材质，整个空间只用水泥、油漆，让淡然宁静的光影隐匿在朴实的水泥里面。且因为得天独厚的一个露台，空间尽可能把外景引进户内。露台正面用框的形式把户外的远山框进了户内，可以让身处室内的人感受到一幅山水画就在眼前，户内的空间更是加了多面绿植墙，不管是从户内看户外，或者在户外看户内，都似乎处在一幅安静人文山水画里。品一杯香茗，点一株檀香，让人沉浸在空灵的世界里任思绪飘飞。

归·真
BACK TO BASICS

设 计 公 司：盘石室内设计有限公司 / 吴文粒设计事务所

主持设计师：吴文粒、陆伟英

参与设计师：陈东成

艺 术 画 作：陈雨

Design Company: Huge Rock Design Firm/
Wu Wenli Design Office

Chief Designers: Wu Wenli, Lu Weiying

Participant Designer: Chen Dongcheng

Artistic Painting: Chen Yu

何为"归真"？古云：弃末而反本，去伪归真，寓意世间万物去掉外饰，恢复原来的自然状态；它象征不可测的本原，感于物而不滞于物，舒其心、乐其事，让喧嚣的都市生活回归本真，让内心回归原点，寻找我们自己的精神价值，静享工作赋予生活的另一番美好馈赠。

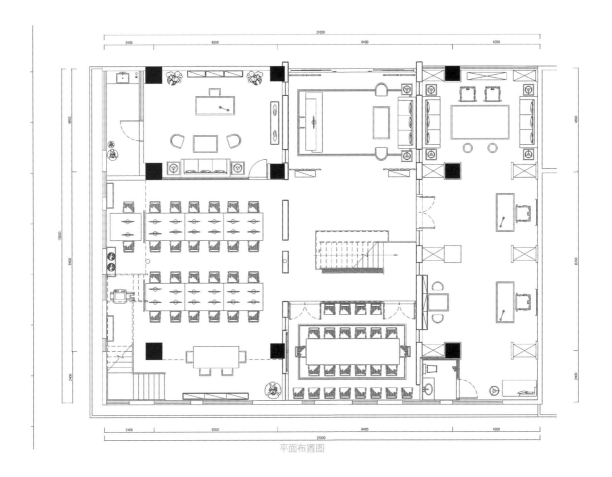

平面布置图

此空间以东方传统文化意象营造移步换景的感观享受，让人触景生情，撩动起内心最真切的心弦；独具匠心的手工艺《兰石图》，象征着绕过尘世繁华，在千回百转中展示最真实的自己；东方茶道的融合，仿若朝阳中捧着一缕茶香，欣赏叶之静美；灵动简洁的空间设计，为整个空间增添了淡泊清幽、风雅古朴之韵，蕴含着化育万物之和气。

本色赋予了生活别样的风致，就像每一首诗都有自己的境界。这里汇聚着一群至情至性的本色之人，他们在这里相互倾诉、相互聆听，一起探索世间万物之本真，寻求来自生活与工作无限的灵感来源。

隐于市——森境上海办公室

W.C.H GREAT ART &INTERIOR DESIGN OFFICE

设计公司：森境室内装修设计工程有限公司

设 计 师：王俊宏

项目面积：115 平方米

摄 影 师：游宏祥

主要材料：竹编、超耐磨木地板、石材、喷漆

Design Company: W.C.H Great Art &Interior Design Office

Designer: Wang Junhong

Project Area: 115 m^2

Photographer: You Hongxiang

Main Materials: bamboo knits, wear-resistant flooring, stones, paint

上海，十里洋场，一个新旧交融的城市，近十年以来，自己对于租借旧区迷恋非常，旧区内均为二至三层建物，道路两旁的梧桐木，四季表情姿态皆不同，虽为市区内，但仍有闹中取静的感受。因此入沪之后，办公室的选择方向，单纯且明确，辗转透过友人介绍，顺利取得一栋近百年洋房，心中着实雀跃不已，并立即执行装修，岂知进驻后却是一连串的惊奇。每逢外部大雨滂沱之际，室内则有如瀑布般的宣泄；每当隔邻工程大造之时，室内则无电力供应而收工。一年之后，只好忍痛放弃，选择离开心仪之地，转战有规有距的办公大楼。

离开了租借区的老洋房后，第二个办公室位于徐家汇闹区中心，四周皆是拔地而起的摩天大楼，道路上车马飞驰，人声鼎沸，一眼望过去除了车就是人，属于再标准不过的写字楼体系。没了鸟语虫鸣，少了水池庭院，缺了旧区人文，除了交通便利，机能充足外，实无特点可言。一者需依足物业管理的相关规定，再者政府单位对于大楼的限制规定繁复，同时于整体空间上，自己又期待能达到虽同中但能求异之效，面对这般的条件下进行设计，实属艰困，亦算是一种挑战。但仍企图透过手法上的调整，能将闹区的繁华隔离，植入一股人文清流，尽可能满足水泥大厦所缺失的静谧氛围。

　　对老件或当代艺术的关注度，随着年龄，与日俱增。老的对象或家具有沉淀积累的历史厚度，越陈越香；当代画作或雕塑有调侃背离的文化意涵，戏谑有趣。因此期待借由此次办公室的装修，能将自己的收藏与人分享，所以着手进行设计规划时，主轴及脉络便着重于此。

　　因建筑结构及消防设备限制，格局部分并无大刀阔斧的变更，基本上保留整体空间架构，大致上切割为三，进入办公室后，顺序分别为接待区、办公区及会议室。全面性的弱化材料装饰，降低固定式的木造装潢，以达轻量装修之效，取而代之的，则是将多年收藏转化成妆点空间的主力。最终办公室的每一道墙、一个端景、一个角落或是一个转折处，皆有一段属于自己的收藏故事。

境随心转

A HOUSE WITH SPIRITS

设计公司：森境室内装修设计工程有限公司

设 计 师：王俊宏、曹士卿、陈睿达、黄运祥、林俪、
林庭逸、张维君、陈霈洁、赖信成、黎荣亮

摄 影 师：游宏祥、谢祥博

主要材料：钢刷木皮、铁件、石材、超耐磨木地板

Design Company: W.C.H Great Art &Interior Design Office

Designers: Wang Junhong, Cao Shiqing, Chen Ruida, Huang Yunxiang, Lin Li, Lin Tingyi, Zhang Weijun, Chen Peijie, Lai Xincheng, Li Rongliang

Photographer: You Hongxiang, Xie Xiangbo

Main Materials: steel painted wood, iron, stone, wear-resistant flooring

冬日的阳光，从百叶窗的缝隙洒落，仿佛经过细心筛选，落入室内一隅，颠覆了传统思维的空间设计。利落的现代简约风格，与带有历史底蕴的布置，完美融合。

接待区陶瓷上，状元红枝桠恣意招展，仿佛正欢欣迎宾。在实木长桌上奉茶，让来者宾至如归。

铁件、烤漆、百叶，仿佛是现代设计语汇，实则源自中式家具架构；框架、板块、杆栏，彼此对应若合符节；西式沙发中式茶几，中西合璧新旧交融。

本案以中式建筑层次，划分了三个功能场所：迎宾、休憩、会议。透过双边廊道串联，建构中式回廊动线，凝聚视觉焦点的端景，在光影雕琢下，展现悠远意境。

铁件架构的长桌，传递属于会议空间的理性因子。柔和的光影，内敛的中式布置，将感性元素融入，让创意在此激荡发酵。

内敛人文的软装布置，让设计者沉浸于艺术氛围中，中学为体，西学为用，意境随心而转，创意从此源源不绝。

售楼处
SALES OFFICE

济南阳光一百艺术馆
JINAN SUNSHINE ONE HUNDRED ART MUSEUM

设计公司： 派尚环境艺术设计有限公司

设 计 师： 周静、刘来愉

项目面积： 2 888 平方米

Design Company: Panshine Environment Art Design Limited

Designer: Zhou Jing, Liu Laiyu

Project Area: 2,888 m²

　　本项目有着艺术品展出和售楼的双重功能需求，如何打造一个"艺术馆里的售楼处"是设计的切入点。设计师们希望藉由良好的艺术氛围来提升售楼处的空间内涵，给项目注入丰富的人文素养和艺术感染力，从而提升项目的整体品质，营造出符合项目发展需求的全新形象。

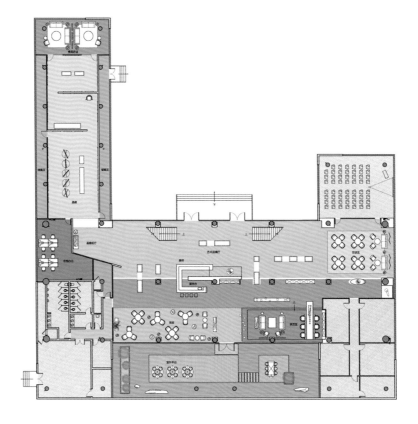

一层平面图

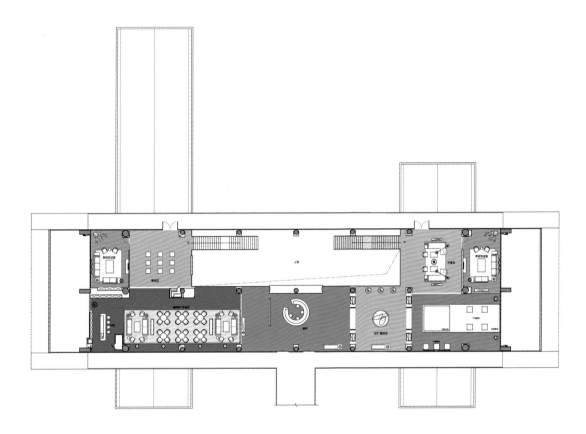

二层平面图

简单的线条在大块面的形体上勾勒出具有东方禅意的空间轮廓；在大的空间区域中，用多样化的艺术品陈列柜进行二次空间细分，无论处于任何区域均可体验到置身艺术品鉴赏空间的氛围。镂空柜体与白色实墙相互映衬，视觉效果丰富多变，从而淡化了空间的限定，促进了人与空间的对话。陈列柜以深色木质的柔和色调和经过简化提炼的中式传统家具形态凸显色彩丰富的艺术品。

一层会馆入口的双层挑空区域，以毛笔和泼墨画传递出灵动淡雅的书画意境，巨大的体量也使这组装置具有了戏剧性的装饰效果，成为会馆一个重要的记忆点。

二层接待台和一层贵宾茶座的天花装置，采用了传统青花瓷的色彩绘制工笔白描的植物图案，为功能性的设备赋予典雅而精致的气韵。经过简化提炼的中式木格元素在空间中重复使用，作为空间界定、视线引导、加深记忆的重要道具，并呈现出多变的光影效果。家具的形体和材质均经过精心的选择，木制家具的线条轻盈简洁，造型比较刚性，但同时追求丰盈的木质纹理、自然的触觉和柔和的漆面光泽；布艺家具体量敦实，但造型柔美圆润，部分辅以细致的图案点缀。设计师希望通过家具形式的选择，传递出东方传统所追求的刚柔并济的哲学思维。家具色彩则根据各自所处空间，讲究与界面装饰、陈设品的搭配和呼应，一起构建一个完整缜密的空间气场，在营造沉稳静逸氛围的同时，坚定地表达现代东方的美学态度。

江湖禅语销售中心
JIANGHU CHANYU SALES CENTER

设 计 公 司：台湾大昜国际设计事业有限公司

主持设计师：邱春瑞

摄 影 师：大斌室内摄影

项目面积：800 平方米

主要材料：木纹石、灰麻石、山西黑、凯悦米黄、榆木、
水曲柳、肌理木、墙纸、布艺、皮革、
乳胶漆、金属、地毯

Design Company: Taiwan DaE International Design Career

Designers: Qiu Chunrui

Photographer: Dabin Architectural Interior Photography

Project Area: 800 m²

Main Materials: wood pattern stone, Grey granite, Shanxi Black Granite, beige, elm, fraxinus mandshurica, wood, wall paper, cloth, leather latex paint, metal, rugs

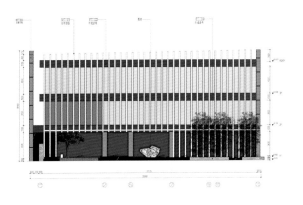

外立面图

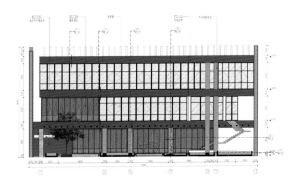

外立面剖面图

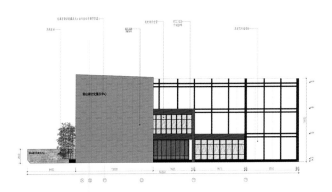

外立面图

外立面剖面图

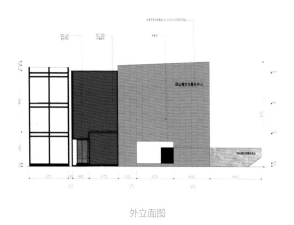

外立面图

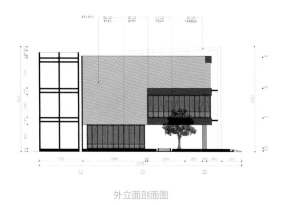

外立面剖面图

没有过多的装饰，简洁、清秀，同时却处处散发着属于传统的底气和神韵，这就是本案设计的最大特色。项目地处宜春市的"风水宝地"，地理位置上首当其冲占据了绝对优势：向西靠近秀江御景花园住宅区，向东毗邻御景国际会馆，向南朝向化成洲湿地公园。销售中心的本体是一家营业多年的海鲜酒楼，后转卖给设计师的客户。进入后厅的就餐区依然能感受到酒楼的气息，它更像是旧楼再利用和改造，充分发挥了设计师的创作能力和空间合理再利用的能力。地理位置的选定同时也决定了本楼盘的定位和主要针对的客户群体，嚎头的营造在某种意义上能够起到锦上添花的功效。

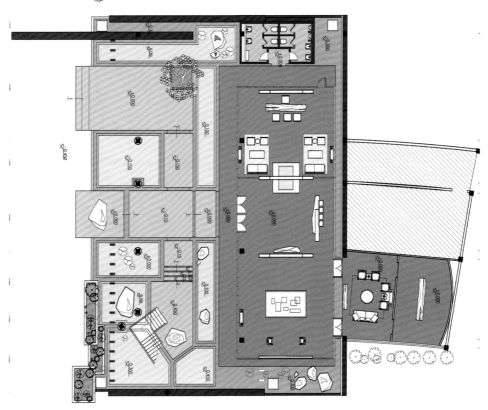

一层平面图

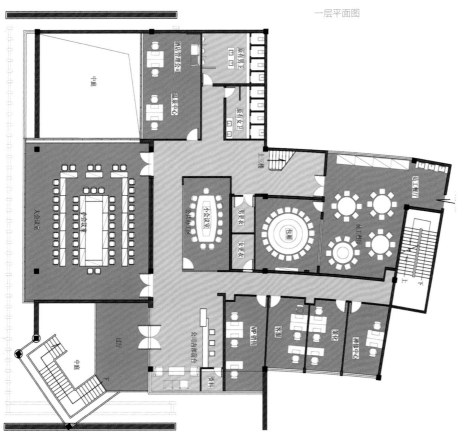

二层平面图

"室内是建筑的延伸"，这是设计师独到的见解，建筑和室内不应该是相互独立存在，而是要相辅相成，这样的认识也是本案的成功之所在。设计初期，设计师对中国传统的"目"字形的三进院落进行推敲，匠心独运地提炼出其最精华的元素：通过正面左边的大门须穿过一段水景区域，然后再步入销售中心的正门，这样的设置，能更好地展现中式传统庭室院落的婉约和内敛；室内空间布局主要分成三个区域，中间为前台接待区，左边为洽谈区，右边为展厅，三大空间通过人为的隔断，让它们既各自独立存在，又融会贯通，这样的设计手法在中式传统的庭院中体现得淋漓尽致，将其运用到室内空间中也别有一番风味。

　　格栅作为设计的主题元素，将东方禅味表现得淋漓尽致。随处可见的纤直的实木条排列在室内空间中，寓意着正直、包容、豁达、沉稳。建筑结构运用钢结构来延续禅味，配合竹子、常青树和人造的水景，浓厚的意境呼之欲出。在设计过程中，设计师始终坚信，传统文化的表达和传递，不能仅仅只是拘泥于那些形式上的代表性符号，更重要的是传神的塑造和意会。

度假空间
VACATION SPACES

竹别墅：与自然共生
BAMBOO VILLA: LIVE IN THE NATURE

设计公司：共生形态工程设计有限公司	**Design Company:** C&C Design Co., Ltd
设 计 师：彭征	**Designer:** Peng Zheng
项目面积：1 248 平方米	**Project Area:** 1,248 m²
主要材料：竹子、实木、大理石、复合竹、乳胶漆、夯土墙	**Main Materials:** bamboo, hardwood, marble, compound bamboo, latex paint, rammed earth wall

在经济全球化的今天，我们已经被"现代主义"所包围，西方的建筑和价值观充斥着我们的视野，娱乐着我们的感官，慰藉着我们的心灵，我们已经淡忘了建筑作为一种地方性生活方式的存在，也忘记了千百年来祖先曾遵行的"人作为自然的一部分并依存于自然"的生活美学。与此同时，各种豪华酒店度假村的建造，为了舒适、方便而过量浪费能源、制造大量废物、破坏环境，造成无法挽救的损失。面对这一切，设计师彭征以热忱、努力和责任心脚踏实地实践设计了一个高端生态度假村的案例，历时四年，待到山野葱翠时，竹别墅，终于绽放。

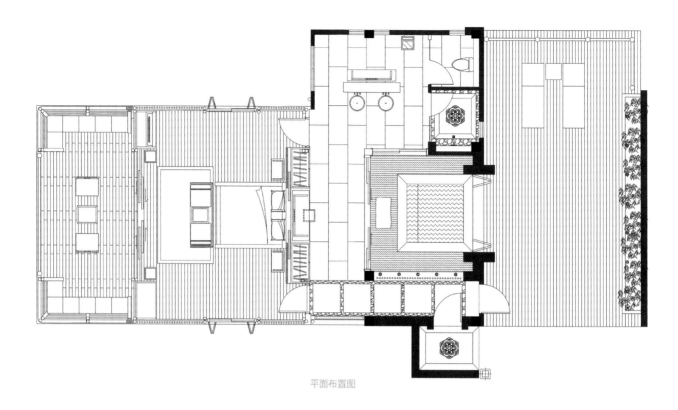

平面布置图

美学，不仅仅是视觉的，更体现为一种关怀，它既包含对人的尊重，也包含对大自然的敬畏。

竹别墅由广州共生形态工程设计有限公司承接室内设计，设计师彭征在解读大师建筑设计的基础上对原方案进行了地方性的改造，融入了当地的建筑文化与元素，并增加了客家民居式的后院。

竹别墅室内外从客家民居建筑中吸取灵感，采用前半部吊脚楼与后半部天井院落相结合的空间布局，干湿分区，前半部为32根木桩托起的吊脚楼，包括客房和观景阳台；后半部为天井式温泉区，包括湿区、温泉池和户外平台。温泉区的改造，使建筑的功能性和艺术性得到扩展。

南昆山的竹资源为设计师提供了得天独厚的建造材料，从建筑到装修，竹子不仅是建筑的构造元素，也是室内的装饰元素。设计师尽可能地规避使用混凝土，从当地的民居中吸取灵感，在当地请来了会制作夯土墙的工匠，为建筑后院垒砌土墙，这是一种近乎失传的民间建筑构造方式。竹子、土墙，与屋瓦、河石和竹林一同建构出低调而独具地方特色的建筑景观。

八栋竹别墅半隐于南昆山的山畔溪边、翠绿深处，它们如同竹林中的八位贤士，有幽幽花香，啾啾鸟鸣相伴，可沐温润之汤泉，可观万千之气象，让身在其中的人们无不感受到它们那种低调内敛的悠然气质和"源于自然，归于自然"的简素之美。

威登小镇温泉别墅 A

THE HOT SPRING VILLA-A OF WEIDENG TOWN

设 计 公 司： 大匀国际空间设计
设 计 师： 陈亨环
软 装 设 计： 上海太舍馆贸易有限公司
项 目 面 积： 281 平方米

Design Company: SD Symmetry Design
Designer: Calvin Chen
Soft Decoration Design: MoGA Decoration Design
Project Area: 281 m²

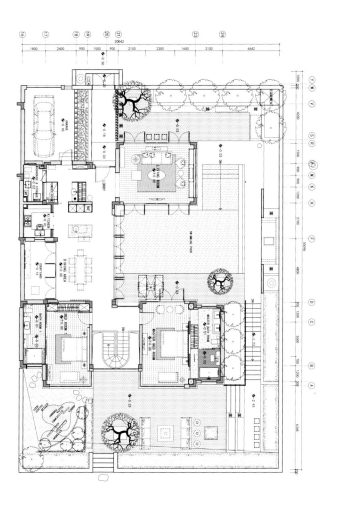

一层平面图

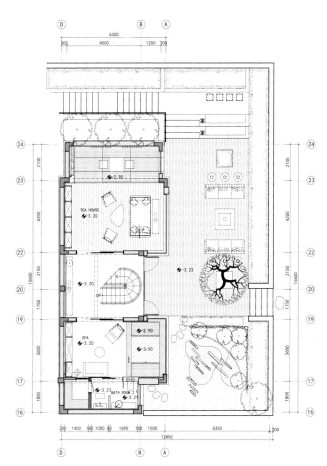

负一层平面图

　　运用大量原木材质打造的居家空间营造出优雅的现代禅味，塑造与户外景观完全相融的另一个世界，一个浓厚而细腻的空间。让人有身处森林般的绝妙感受，清新素雅的风情荡漾于整个空间。白色纱窗悬挂于客厅与餐厅，透明的质地让整个空间通透明亮。搭配原木地板与布质沙发，空间在安逸亲和的同时，也产生缥缈轻盈的效果，灵动出彩。

不论是榻榻米式的茶饮空间，还是橡木做成的滑动木门，或是让人放松舒适的温泉浴室，都散发着平和的自然气息。在材料上选用的大量原色材质，橡木、米色壁布，棉麻质感的面料，也为整个空间营造了更安逸且平和温馨的效果。

　　放松且不放逸的棉麻混纺沙发单椅，将靠背处做了适当后倾的设计，线条干净且利落。现代气息的黑色釉陶茶壶，木质平板茶盘，春意般的绿色相框，共同诉说着此处怡乐的静，脱俗的雅。

　　墙面大幅的"立体墨"的写意创作，是现代写意派画家对这个空间的心得描绘。它以"飘缈"为题，提醒着繁忙时代的都市人，将繁复无序的烦恼放下，让心灵静下来，倾听自己的声音。以现代禅，体悟当下心。

旋转式楼梯让空间变得活泼跳跃，而庭院的一角则尽显简约与利落，设计师让整个空间在风格统一之余，又跳脱出精彩与创意，提升了空间质感，让别墅变得隽永而经典。

威登小镇温泉别墅 B

THE HOT SPRING VILLA-B OF WEIDENG TOWN

设计公司： 大匀国际空间设计

设 计 师： 陈亨环、李巍

软装设计： 上海太舍馆贸易有限公司

项目面积： 161 平方米

Design Company: SD Symmetry Design

Designers: Calvin Chen, Li Wei

Soft Decoration Design: MOGA Decoration Design

Project Area: 161 m²

　　厚重朴实的石灰墙里是一隅静谧雅致的私人别墅，露台、泳池、曲水流觞……

　　别墅拥有远离喧嚣、依山傍水的绝佳地理环境。客厅以原石石皮营造的休闲质感，与胡桃木染黑细柱的墙面垂直呼应，衬以风格明快的家具，营造出一个十足的艺术空间。

客厅与吧台的连接形成宽敞的空间感，独立的餐厅空间与景观亲密呼应，更可直观简约气派的大型私人泳池和雅致的户外休息空间。使用杂木拼贴的泡汤浴池，带来清新畅快的极致享受。暖色调的木饰面搭配冷色调的灰木纹石头，营造出协调与舒适的空间。双主卧中间与室内汤屋巧妙的配置及设计手法，更增加空间的流通性及层次感。

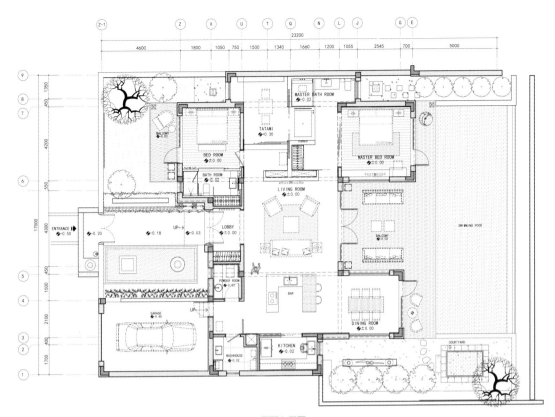

平面布置图

展示空间
GALLERY SPACES

东阳宣明典居紫檀艺术馆
CLASSIC ROSEWOOD ART MUSEUM

设 计 公 司：凯泰达国际建筑设计咨询有限公司

主持设计师：李珂

参与设计师：王娅晖、杨剑

项 目 面 积：2 000 平方米

摄 影 师：高寒

主 要 材 料：松木、木纹石、麻布、自流平

Design Company: Kaitaida International Architectural Design Consultant Co.,LTD

Chief Designer: Li Ke

Participant Designers: Wang Yahui, Yang Jian

Project Area: 2,000 m^2

Photographer: Gao Han

Main Materials: pine, wood pattern stone, linen, self-leveling floor

　　如何在空间里体现中国意境，是本案所追溯的本源。想要表达一个与众不同的"中国式"空间，自然要花一番功夫。从无形到有形，从有形到变形，从变形到无形，从思维的抽象到物质的具象，是一个蜕变的过程。本案在空间的营造上，采用传统艺术的线条来围合空间的疏密、留白，在对称中寻求突破，均衡中孕育惊喜。本案的空间精神有一种与众不同的碰撞，有震撼，有本真，有婉约，意料之外的平静，冥冥之中的惊艳。

　　在材料的甄选上，采用质朴的松木，感染力很强的宣纸和有质感的麻布，它们能很好地表达当下的中式生活语境。空间为纸，布局为墨，书写山水中国，表达禅宗风韵。

　　步入大堂仿佛进入竹林禅语之中，静谧的世界让人们的内心安静下来，慢慢体会空灵、飘逸、静雅的空间美学。坐下来静静品茶，一缕檀香在空间中层层弥散，古琴的琴声沁入心田，这里就是现实版的桃花源。地面的石材分割参照当地文脉悠久的建筑古迹，在现代的空间里隐约能感受到地域文化的存在。空间中人与人可以通过视线交流，也可以通过器物交流，人与自然和谐共生。明式家具的简素空灵，当代文人绘画的超逸脱俗，空间的艺术雅致都在这里交融。

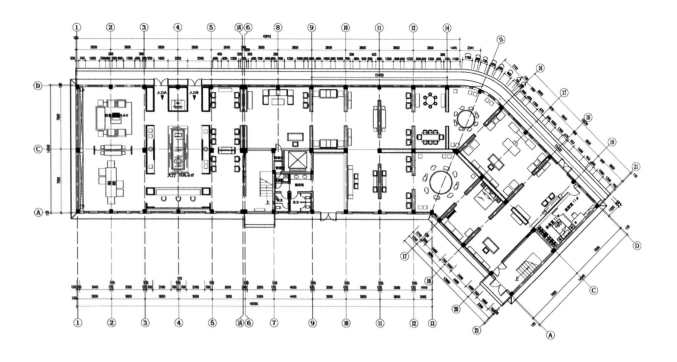

一层平面图

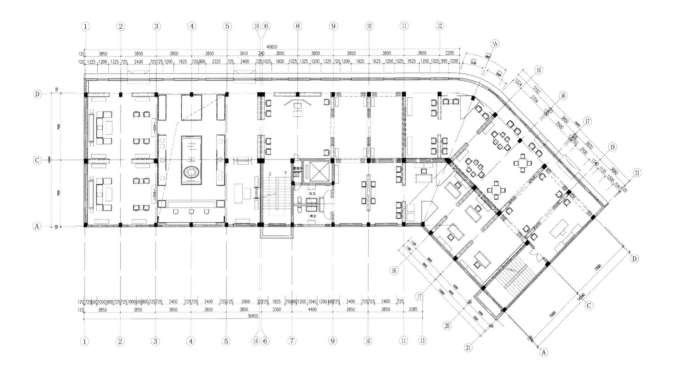

二层平面图

平仄家居上海展示空间
A FURNISHING EXHIBITION IN SHANGHAI

设 计 公 司: 凯泰达国际建筑设计咨询有限公司

主持设计师: 李珂

参与设计师: 党志广、张萍、金璟华

摄 影 师: 张涛

Design Company: Kaitaida International Architectural Design Consultant Co.,LTD

Chief Designer: Li Ke

Participant Designers: Dang Zhiguang, Zhang Ping, Jin Jinghua

Photographer: Zhang Tao

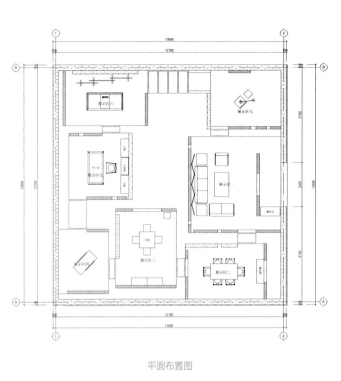

平面布置图

体验一种与众不同的空间旅行，诠释一种新的生活美学方式。本案没有有形的中国元素，仅仅通过空间的围合就让人感受到东方空间的气韵。随着空间动线的移动，心境也有着微妙的变化，慢慢地安静下来，体会具有东方气质的空间。关照、触摸、凝视、惊喜、

平静，这些体验都在空间中慢慢晕染。宣纸的运用更好地表达了空间的意境，灯光的渲染让空间更有层次、更富感染力。游走于空间中，视线全被有景之境充盈，内心充溢着无我禅心。

参考文献

[1] 汪菊渊. 中国古代园林史 [M]. 北京: 中国建筑工业出版社, 2012 年.

[2] 蓝先琳. 中国古典园林 [M]. 南京: 江苏凤凰科学技术出版社, 2014 年.

[3] 耿刘同. 中国古代园林 [M]. 北京: 中国国际广播出版社, 2009 年.

[4] 王毅. 中国园林文化史 [M]. 上海: 上海人民出版社, 2014 年.

[5] 扬之水. 唐宋家具寻微 [M]. 北京: 人民美术出版社, 2015 年.

[6] 扬之水. 棔柿楼集: 香识 [M]. 北京: 人民美术出版社, 2014 年.

[7] 扬之水. 棔柿楼集: 宋代花瓶 [M]. 北京: 人民美术出版社, 2014 年.

[8] 扬之水. 无计花间住 [M]. 上海: 上海人民出版社, 2011 年.

[9] 扬之水. 物中看画 [M]. 北京: 金城出版社, 2012 年.

[10] 扬之水. 诗经名物新证 [M]. 天津: 天津教育出版社, 2012 年.

[11] 扬之水. 奢华之色 [M]. 宋元明金银器研究. 北京: 中华书局, 2010 年.

[12] 扬之水. 终朝采蓝: 古名物寻微 [M]. 北京: 生活·读书·新知三联书店, 2008 年.

[13] 陈从周. 未尽园林情 [M]. 北京: 商务印书馆国际有限公司, 2010 年.

[14] 白鸽. 城市格调鉴赏系列: 日本园林鉴赏手册 [M]. 长沙: 湖南美术出版社, 2012 年.

[15] 吴欣. 山水之境: 中国文化中的风景园林 [M]. 北京: 生活·读书·新知三联书店, 2015 年.

[16] 汉宝德. 物象与心境: 中国的园林 [M]. 北京: 生活·读书·新知三联书店, 2014 年.

[17] 高居翰. 文化艺术·不朽的林泉: 中国古代园林绘画 [M]. 北京: 生活·读书·新知三联书店, 2012 年.

[18] 孟晖. 画堂香事 [M]. 南京: 南京大学出版社, 2012 年.

[19] 巫鸿. 重屏: 中国绘画的媒材和表现 [M]. 上海: 上海人民出版社, 2009 年.

[20] 张晓明. 中国家具 [M]. 北京: 五洲传播出版社, 2008 年.

[21] 赵菁. 小器大雅 [M]. 北京: 金城出版社, 2010 年.

[22] 马未都. 马未都说收藏·家具篇 [M]. 北京: 中华书局, 2008 年.

[23] 潘速圆. 家具制图与木工识图 [M]. 北京: 高等教育出版社, 2010 年.

[24] 王世襄. 中国古代漆器 [M]. 北京: 生活·读书·新知三联书店, 2013 年.

[25] 扬之水. 明式家具之前 [M]. 上海: 上海书店出版社,2011 年.

[26] 王世襄. 明式家具研究 [M]. 北京: 生活·读书·新知三联书店,2013 年.

[27] 王世襄. 明式家具珍赏 [M]. 北京: 文物出版社,2003 年.

[28] 伍嘉恩. 明式家具二十年经眼录 [M]. 北京: 故宫出版社,2010 年.

[29] 郭培培. 明代家具 [M]. 长春: 吉林文史出版社,2011 年.

[30] 杨耀. 明式家具研究 [M]. 北京: 中国建筑工业出版社,2002 年.

[31] 读图时代. 明清家具式样识别图鉴 [M]. 北京: 中国轻工业出版社,2007 年.

[32] 濮安国. 明清家具研究选集 1: 明清家具鉴赏 [M]. 北京: 故宫出版社,2012 年.

[33] 濮安国. 明清家具研究选集 2: 中国红木家具 [M]. 北京: 故宫出版社,2012 年.

[34] 濮安国. 明清家具研究选集 3: 明清家具装饰艺术 [M]. 北京: 故宫出版社,2012 年.

[35] 朱家溍. 明清室内陈设 [M]. 北京: 紫禁城出版社,2010 年.

[36] 王子林. 明清皇宫陈设 [M]. 北京: 紫禁城出版社,2011 年.

[37] 张淑娴. 明清文人园林艺术 [M]. 北京: 紫禁城出版社,2011 年.

[38] 田家青. 清代家具 [M]. 北京: 文物出版社,2012 年.

[39] 计成,李世奎,刘金鹏. 中华生活经典: 园冶 [M]. 北京: 中华书局,2011 年.

[40] 文震亨,李瑞豪. 中华生活经典: 长物志 [M]. 北京: 中华书局,2012 年.

[41] 孙过庭,郑晓华. 中华生活经典: 书谱 [M]. 北京: 中华书局,2012 年.

[42] 陈敬,严小青. 中华生活经典: 新纂香谱 [M]. 北京: 中华书局,2012 年.

[43] 杜绾,寇甲,孙林. 中华生活经典: 云林石谱 [M]. 北京: 中华书局,2012 年.

[44] 许之衡,杜斌. 中华生活经典: 饮流斋说瓷 [M]. 北京: 中华书局,2012 年.

[45] 张谦德,袁宏道,张文浩,孙华娟. 中华生活经典: 瓶花谱 瓶史 [M]. 北京: 中华书局, 2012 年.

[46] 胡文焕,朱毓梅,杨海燕,曲毅. 中华生活经典: 香奁润色 [M]. 北京: 中华书局,2012 年.

[47] 丁佩,姜昳. 中华生活经典: 绣谱 [M]. 北京: 中华书局,2012 年.

[48] 曹昭,杨春俏. 中华生活经典: 格古要论 [M]. 北京: 中华书局,2012 年.

[49] 周嘉胄, 尚莲霞. 中华生活经典: 装潢志 [M]. 北京: 中华书局, 2012 年.

[50] 周高起, 董其昌, 司开国, 尚荣. 中华生活经典: 阳羡茗壶系 骨董十三说 [M]. 北京: 中华书局, 2012 年.

[51] 朱彝尊, 张可辉. 中华生活经典: 新纂香谱 [M]. 北京: 中华书局, 2013 年.

[52] 王玉德, 王锐. 中华生活经典: 宅经 [M]. 北京: 中华书局, 2011 年.

[53] 朱肱, 高建新. 中华生活经典: 酒经 [M]. 北京: 中华书局, 2011 年.

[54] 窦苹, 石祥. 中华生活经典: 酒谱 [M]. 北京: 中华书局, 2010 年.

[55] 朱乡贤, 方小壮. 中华生活经典: 印典 [M]. 北京: 中华书局, 2011 年.

[56] 洪遵, 汪圣铎. 中华生活经典: 泉志 [M]. 北京: 中华书局, 2013 年.

[57] 苏易简, 石祥. 中华生活经典: 文房四谱 [M]. 北京: 中华书局, 2011 年.

[58] 项穆, 李永忠. 中华生活经典: 书法雅言 [M]. 北京: 中华书局, 2010 年.

[59] 陆羽, 沈冬梅. 中华生活经典: 茶经 [M]. 北京: 中华书局, 2010 年.

[60] 朱权, 田艺蘅, 黄明哲. 中华生活经典: 茶谱 煮泉小品 [M]. 北京: 中华书局, 2012 年.

[61] 赵佶, 沈冬梅, 李涓. 中华生活经典: 大观茶论 [M]. 北京: 中华书局, 2013 年.

[62] 林洪, 章原. 中华生活经典: 山家清供 [M]. 北京: 中华书局, 2013 年.

[63] 袁枚, 陈伟明. 中华生活经典: 随园食单 [M]. 北京: 中华书局, 2010 年.

[64] 张学士, 诸葛潜潜. 中华生活经典: 棋经十三篇 [M]. 北京: 中华书局, 2010 年.

[65] 朱长文, 林晨. 中华生活经典: 琴史 [M]. 北京: 中华书局, 2010 年.

[66] 徐上瀛, 徐樑. 中华生活经典: 溪山琴况 [M]. 北京: 中华书局, 2013 年.

[67] 郭思, 杨伯. 中华生活经典: 林泉高致 [M]. 北京: 中华书局, 2013 年.

[68] 范成大. 中华生活经典: 梅兰竹菊谱 [M]. 北京: 中华书局, 2010 年.

[69] 欧阳修, 杨林坤. 中华生活经典: 牡丹谱 [M]. 北京: 中华书局, 2011 年.

[70] 吴大澂, 杜斌. 中华生活经典: 古玉图考 [M]. 北京: 中华书局, 2013 年.

中国文化艺术读本推荐

[1] 葛兆光. 中国思想史 [M]. 上海：复旦大学出版社, 2013 年.

[2] 李泽厚. 中国古代思想史 [M]. 北京：生活·读书·新知三联书店, 2008 年.

[3] 宇文所安. 剑桥中国文学史 [M]. 北京：生活·读书·新知三联书店, 2013 年.

[4] 巫鸿. 中国古代艺术与建筑中的纪念碑性 [M]. 上海：上海人民出版社, 2009 年.

[5] 巫鸿. 重屏：中国绘画的媒材和表现 [M]. 上海：上海人民出版社, 2009 年.

[6] 巫鸿. 废墟的故事：中国美术和视觉文化中的"在场"与"缺席" [M]. 上海：上海人民出版社, 2012 年.

[7] 高居翰. 气势撼人 [M]. 北京：生活·读书·新知三联书店, 2009 年.

[8] 高居翰. 隔江山色 [M]. 北京：生活·读书·新知三联书店, 2009 年.

[9] 高居翰. 山外山 [M]. 北京：生活·读书·新知三联书店, 2009 年.

[10] 高居翰. 江岸送别 [M]. 北京：生活·读书·新知三联书店, 2009 年.

[11] 高居翰. 诗之旅：中国与日本的诗意绘画 [M]. 北京：生活·读书·新知三联书店, 2012 年.

图书在版编目（CIP）数据

室内设计风格详解. 中式 / 魏祥奇编著. -- 南京 ：
江苏凤凰科学技术出版社，2016.3
　　ISBN 978-7-5537-6066-7

　　Ⅰ．①室… Ⅱ．①魏… Ⅲ．①室内装饰设计－图集
Ⅳ．①TU238-64

　　中国版本图书馆CIP数据核字(2016)第002819号

室内设计风格详解——中式

编　　　著	魏祥奇	
项 目 策 划	凤凰空间/宋君	
责 任 编 辑	刘屹立	
特 约 编 辑	叶广芊　吴孟秋	

出 版 发 行	江苏凤凰科学技术出版社	
出版社地址	南京市湖南路1号A楼，邮编：210009	
出版社网址	http://www.pspress.cn	
总　经　销	天津凤凰空间文化传媒有限公司	
总经销网址	http://www.ifengspace.cn	
印　　　刷	上海利丰雅高印刷有限公司	

开　　　本	889 mm×1 194 mm　1 / 16	
印　　　张	17	
版　　　次	2016年3月第1版	
印　　　次	2018年9月第5次印刷	

标 准 书 号	ISBN 978-7-5537-6066-7	
定　　　价	278.00元（精）	

图书如有印装质量问题，可随时向销售部调换（电话：022-87893668）。

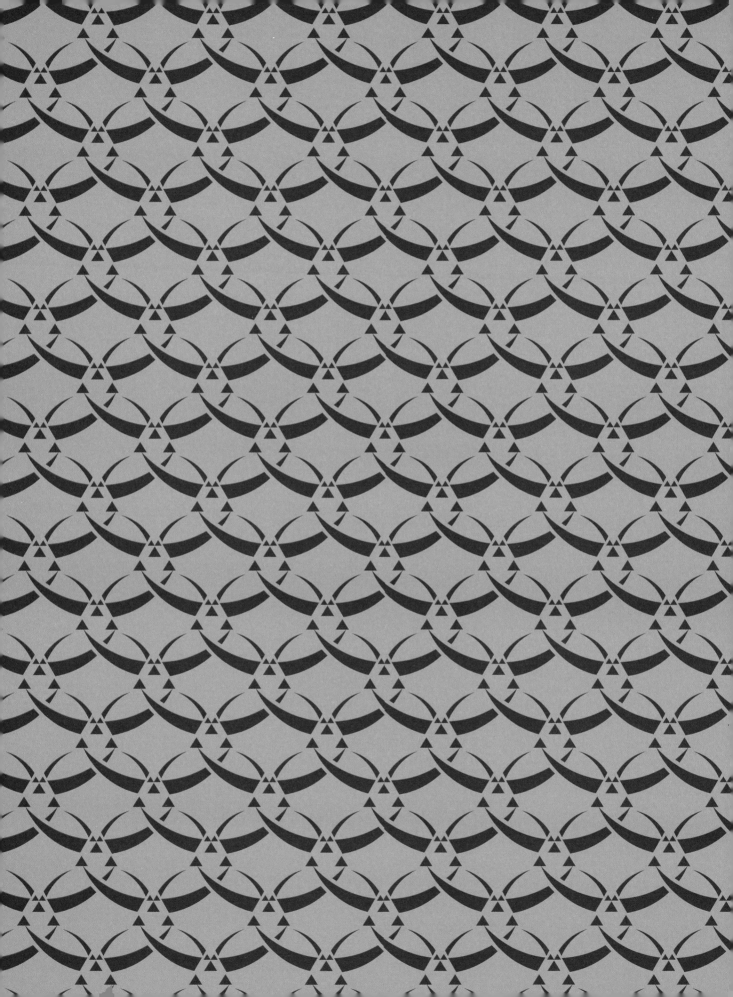

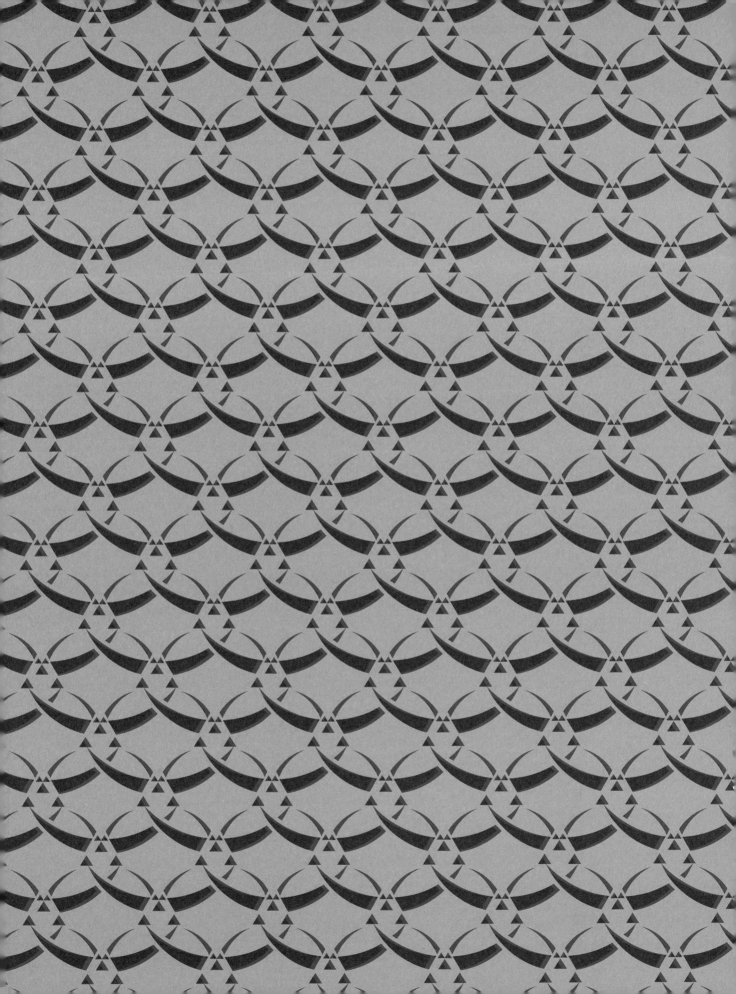

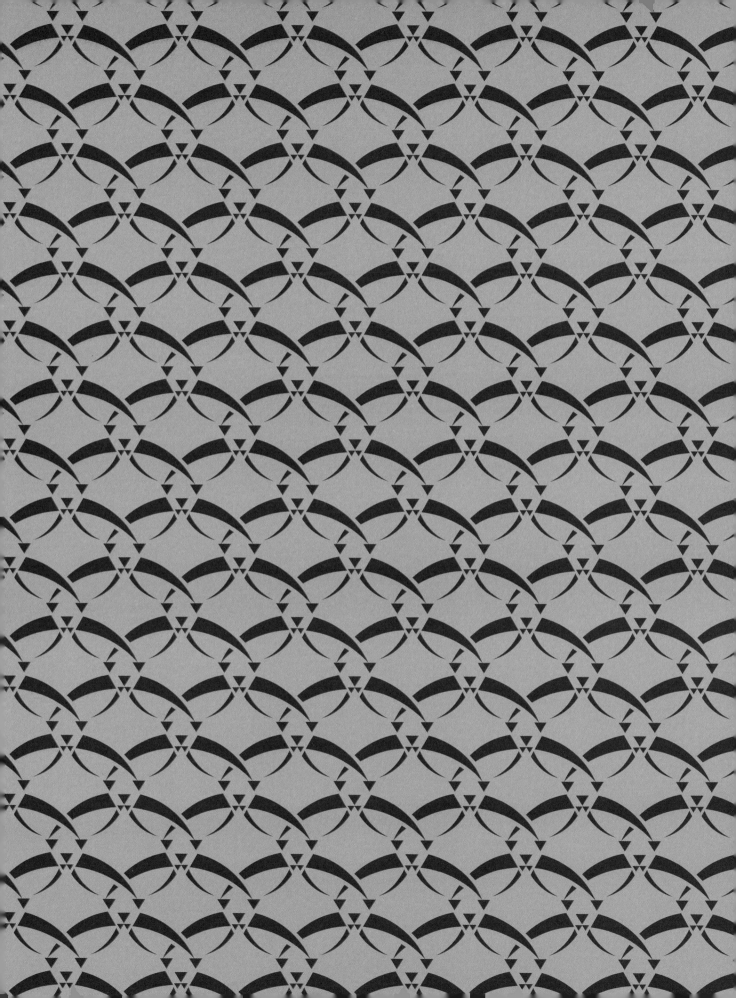

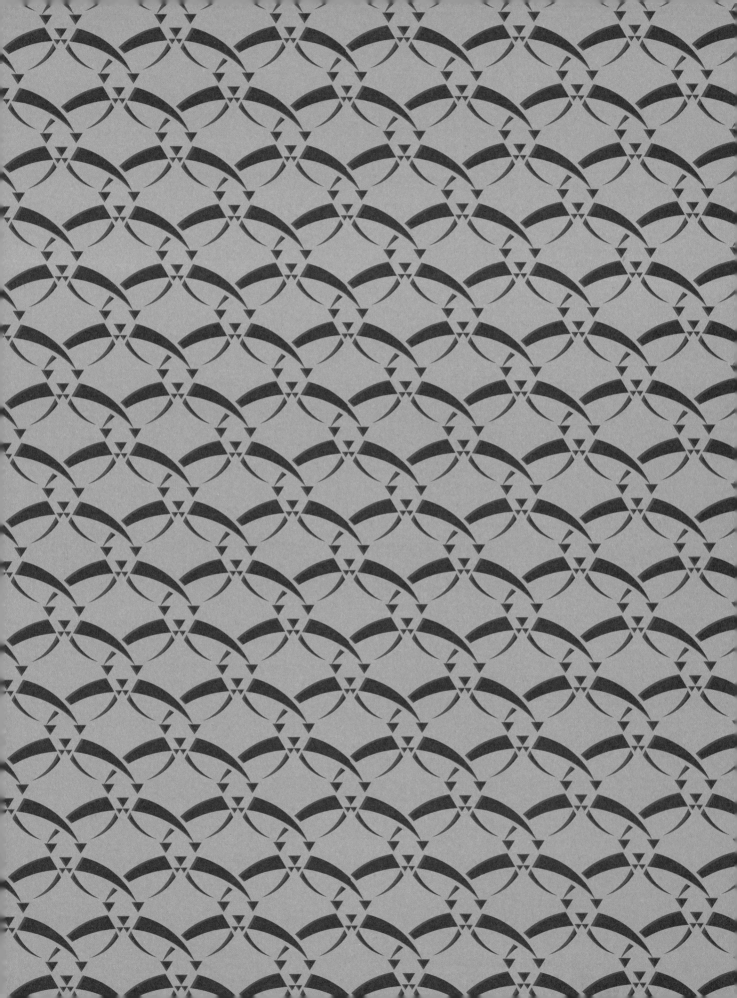